„DIGITALER WANDEL KANN NUR KONZERTIERT STATTFINDEN, UND DAS MACHT IHN SO HERAUSFOR-DERND.

IMPRESSUM

Frankfurter Allgemeine Buch

Herausgeberin: Angelika Gifford

Redaktion: Felix Bauch

Projektkoordination: Fazit Communication GmbH, Frankfurt am Main, Marie Kalich

Autor:innen *(in der Reihenfolge des Erscheinens):* Achim Berg, Michael Hüther, Elke Eller, Chantal Friebertshäuser, Florian Haller, Hannah Helmke, Sebastian Klauke, Martina Merz und Ilse Henne, Stefan Oelrich, Brigitte Zypries, Angelika Gifford, Cornelius Riese, Ulrike Detmers, Britta Seeger, Stephan Sturm, Birgit Bohle, Sigrid Nikutta, Anna Kaiser, Ute Wolf, Jörg Goschin, Katrin Suder

Layout und Gestaltung: Zarka Ghaffar (Art Direction, luminal-creation.com)

Copyright:

Fazit Communication GmbH
Frankfurter Allgemeine Buch
Frankenallee 71 – 81
60327 Frankfurt am Main

Unterstützt durch: ∞ Meta

Druck: CPI books GmbH, Eberhard-Finckh-Straße 61, 89075 Ulm

Printed in Germany

1. Auflage, Frankfurt am Main 2022

ISBN: 978-3-96251-130-2

Frankfurter Allgemeine Buch hat sich zu einer nachhaltigen Buchproduktion verpflichtet und erwirbt gemeinsam mit den Lieferanten Emissionsminderungs- zertifikate zur Kompensation des CO2-Ausstoßes.

Angelika Gifford (Hrsg.)

DIE DIGITALE DEKADE

Wie wir unsere Wirtschaft transformieren können

_———— „Herzlichen Dank an alle Beitragenden
und ihre Teams, die durch ihre Weitsicht,
Offenheit und ihren Pragmatismus die Einblicke
in diesem Buch erst ermöglicht haben."————_

INDEX

Angelika Gifford

Vorwort

"Technologie setzt in den **2020er- Jahren Impulse** für unternehmerisches **Denken** und **Handeln** wie kaum zuvor.

Gemeinsam, gleichzeitig und jetzt

In den 20er-Jahren dieses Jahrhunderts haben die Vordenker:innen, Verantwortlichen und Macher:innen in unseren Unternehmen, den Werkshallen und Büroetagen besonders große und sperrige Herausforderungen auf dem Aufgabenzettel stehen: Inwiefern wollen und müssen wir unser Geschäftsmodell digitalisieren, transformieren, weiterentwickeln? Was können wir tun, um unsere Marktposition zu sichern? Auf welche Schritte unserer Wertschöpfungsketten müssen wir ein besonderes Auge haben? Wo müssen wir noch effizienter, automatisierter, schlanker, fokussierter werden? Wie binden und entwickeln wir unsere Top-Kräfte weiter, gewinnen junge Talente dazu und bauen dringend notwendiges Technologie-Know-how weiter auf? Und vor allem: Wie tragen wir als Unternehmen effektiv zum gesellschaftlichen Zusammenhalt und zur Einhaltung der globalen Klimaziele bei?

Gefühlt bleibt keine Zeit mehr, um über diese Fragen nur unverbindlich nachzugrübeln – egal, ob das auf einer Klausurtagung mit Kaffeetafel und Konferenzgebäck geschieht oder in einer agilen Design Thinking Session. Am besten steht das Zielbild der Transformation bereits, eine Strategie ist verabredet, alle Beteiligten sind an Bord und man setzt um, pilotiert, lernt, verbessert, skaliert.

Eile ist allein deshalb schon geboten, weil ein Überfluss neuer Technologien unsere Wirtschaft und ▸

Gesellschaft überschwemmt, verbunden mit vielfältigen Chancen und Risiken für Prozesse, Geschäftsmodelle und Marktpositionen. Denn Technologie setzt in den 2020er-Jahren Impulse für unternehmerisches Denken und Handeln wie kaum zuvor.

Vor nicht allzu langer Zeit haben wir uns in unseren Unternehmen gegenseitig noch erklärt, was ein Digital Twin leisten kann: ein digitales Gegenstück eines materiellen oder immateriellen Objekts aus der realen Welt; heute wird er in vielen Branchen fast wie selbstverständlich eingesetzt. Auch die digitale Interaktion hat, beschleunigt durch die Coronapandemie, inzwischen viele Bereiche nachhaltig verändert, die noch vor wenigen Jahren als verkrustet und chronisch analog galten. Fanden 2019 etwa noch weniger als 3.000 Arzt-Patienten-Gespräche in deutschen Praxen digital statt, so waren es 2020 schon ganze 2,7 Millionen. Ein riesiger Sprung (wenngleich nicht ganz freiwillig, wie wir wissen) um den Faktor 900! Haben andernorts manche die Virtual-Reality-Brille lange Zeit als Nischenspielerei für Gaming-Enthusiasten abgetan, sehen wir Virtual und auch Augmented Reality (VR, AR) heute schon mit vielfältigen Anwendungsfällen in diversen Wirtschaftszweigen im Einsatz – von hybriden Konferenzen über virtuelle Fachkräfteschulungen bis hin zu Logistik und praktischer Medizin. Mein Arbeit-geber Meta, zu dem etwa die Plattformen Facebook, WhatsApp, Instagram, Messenger, Workplace und Reality Labs gehören, baut auf Tools wie VR und AR sogar seine neue Unternehmensvision auf. Sie basiert auf einer neuen Evolutionsstufe des Internets, sozusagen dem Nachfolger unseres smartphonegetriebenen mobilen Internets, bei der das virtuelle Eintauchen in eine digitale Realität eine neue Dimension erreichen soll: dem Metaverse.

Aber auch in traditionelleren Branchen sind virtuelle Welten, Cloud Computing, Künstliche Intelligenz & Co. schon lange keine Nischenbegriffe mehr, sondern entweder bereits Alltag oder halten darin langsam Einzug. Die Tech-Schlagworte, die man sich heute in unseren Unternehmen zuraunt, lauten Krypto, NFC, NFT, Mesh-Architekturen in der Cybersecurity, Composable Applications, Distributed Enterprise oder Generative Artificial Intelligence. Im Rückblick wirkt da die aufkommende Digitalisierung der 2000er- und der frühen 2010er-Jahre, als es um digitale Lösungen für endkundennahe Bereiche wie Online-Medien oder den Online-Handel ging, geradezu simpel – kommen doch mit einer vernetzten deutschen Industrie und der digitalen Transformation ganzer B2B-Geschäftsmodelle in unserem Land völlig neue Implikationen auf unsere Wirtschaft zu.

Neue Technologien überschwemmen unsere Wirtschaft, mit vielfältigen Chancen und Risiken für Prozesse, Geschäftsmodelle und Marktpositionen.

All diese Entwicklungen vollziehen sich noch dazu in einer Welt, die von mindestens vier übergreifenden Faktoren geprägt ist:

→ In Deutschland wirtschaften wir trotz großer Erkenntnis und einigen Fortschritts noch immer in einem Ökosystem, das wahlweise als digitales Neuland oder Fax-Republik verunglimpft wird. Entwicklungen finden freilich statt, beständig und iterativ, aber zumindest in der Wahrnehmung vieler passiert noch zu wenig – und das auch noch zu langsam. Der Koalitionsvertrag der nach der Bundestagswahl 2021 geschmiedeten Koalition lässt unter dem Motto „Mehr Fortschritt wagen" zwar hohe Ambitionen auch im Bereich Digitalisierung erkennen. Allerdings fällt der Begriff einer wahrhaften „Technologieführerschaft" im Text nur ein einziges Mal, interessanterweise lediglich im Bereich der maritimen Wirtschaft. Bis die Regierung das Fortschrittscredo in der Breite umgesetzt hat, gilt es nicht nur, einige digitale Hürden im Land abzubauen, sondern eher eine umfassende Staatsmodernisierung anzupacken.

→ Die Wissenschaft zeigt uns seit Langem klar auf – und findet inzwischen deutlich mehr Gehör als noch vor wenigen Jahren –, wie sehr unser bisheriges Denken, Leben und Wirtschaften unsere Umwelt und damit den menschlichen Lebensraum auf der Erde zu zerstören droht und wie zügig sich das Fenster zum letzten korrektiven und vor allem kollektiven Eingriff schließt. ▸

13

→ Neben Versäumnissen unsererseits sehen wir uns in Deutschland und Europa strukturellen geopolitischen Verschiebungen ausgesetzt, etwa durch aktives unternehmerisches Handeln in den USA und durch die Umsetzung der von einem Zentralstaat ausgehenden Planungen und Ambitionen in China.

→ In der Wirtschaft treten die Segnungen einer Globalisierung mit weltweit eng gespannten Just-in-time-Lieferketten nicht mehr durchgehend ein wie erhofft. Geopolitische Erwägungen oder externe Schocks wie eine Pandemie bringen ein hochkomplexes System, das bisher an vielen Stellen ohne große Lagerhaltung und Puffer auskam, schneller aus dem Tritt als gedacht. Wenn in Asien heute ein Hafen etwa wegen Quarantäne schließt, kann in deutschen Werkshallen die Montagestraße binnen Tagen ins Stocken geraten – allein aufgrund des Fehlens der für digitale Technologien oft kritischen Mikrochips. Vor diesem Hintergrund müssen sich Unternehmen und ganze Branchen nicht nur aus Gründen angestrebter Technologieführerschaft, sondern auch aus Erwägungen der Versorgungssicherheit heraus der Herausforderung stellen, bisherige komplexe Lieferketten beizubehalten oder doch zu entwirren, umzugestalten, zu verlegen beziehungsweise mehr eigenes Know-how und interne Kapazitäten aufzubauen.

Auch damit sich aus diesen vier übergreifenden Entwicklungen keine harten strukturellen, systemischen Nachteile und wirtschaftlichen Verschiebungen ergeben, hat die Europäische Union für die 2020er-Jahre die sogenannte digitale Dekade der EU ausgerufen.

Das Programm formuliert ambitionierte Ziele zum digitalen Umbau unserer heimischen Unternehmen. Dies ist eine von vier großen Stoßrichtungen zur Erreichung übergreifender Digitalziele: neben einer digital befähigten Bevölkerung und hoch qualifizierten digitalen Fachkräften; sicheren, leistungsfähigen und tragfähigen digitalen Infrastrukturen; und der Digitalisierung öffentlicher Dienste. Konkret sehen die Ziele der digitalen Dekade der EU vor, dass europäische Unternehmen bis 2030 den digitalen Wandel massiv über drei Hebel voranbringen. Am Ende des Jahrzehnts:

→ sollen 75 Prozent der in der EU ansässigen Unternehmen digitale Technologien wie Cloud, Künstliche Intelligenz und Big Data wie selbstverständlich einsetzen;

→ soll sich die Zahl der Unicorns (also Start-ups mit einem Unternehmenswert von mehr als einer Milliarde Euro) dank Skaleneffekten und Finanzierungsoffensiven verdoppelt haben;

→ sollen 90 Prozent der kleinen und mittleren Unternehmen (KMU) in der Union zumindest ein Basisniveau an sogenannter digitaler Intensität in ihren Betrieben erreicht haben.

Diese Zielsetzung ist zwar ambitioniert, aber sie ist richtig und vor allem: Dafür ist es höchste Zeit. Allein die Tatsache, dass die EU dem Thema Digitalisierung mit diesem Programm solch einen Stellenwert einräumt, sollte jeder und jedem abschließend klarmachen, wie dringlich es ist, Digitalisierung nicht als hippen Trend anzusehen, sondern als umfassende Transformation mit tiefgreifenden Auswirkungen. Es gilt daher, alle darauf zielenden unternehmerischen Initiativen mit Top-Priorität auszustatten und mit Mut, Ressourcen und Know-how voranzutreiben.

Wie aber erreichen wir in unseren Unternehmen diese und andere Digitalziele, auch im Hinblick auf den einen oder anderen strukturellen Start-Nachteil und das gepflegte Bedenkenträgertum in unserem Land? Und wie kann unsere deutsche Wirtschaftslandschaft nicht nur zu einer digitalen Transformation beitragen, sondern Vorreiter sein, Verantwortung übernehmen, gar zu einem Technologieführer werden?

Als Aufsichtsrätin, Führungskraft, Verbandsvorständin und Investorin habe ich Macher:innen und Vordenker:innen in unserer Wirtschaft genau diese Fragen gestellt und sie gebeten, die Motorhaube der Digitalisierungsmaschinerie in ihrem Unternehmen, die Schatulle mit ihren Digitalstrategien zu öffnen. Was mich dabei genau umgetrieben hat:

Wo und wie werden digitale Technologien heute schon wie selbstverständlich eingesetzt? Sind die Unternehmen in Deutschland vielleicht schon weiter, als man gemeinhin glaubt und weiß? Welche wirtschaftlichen Implikationen und gesellschaftlichen Mehrwerte ergeben sich daraus heute schon? Wie gehen wir die Übersetzung unserer Geschäftsmodelle ins Digitale genau an, und was bedeutet das für Wertschöpfungsketten, Kundenansprache, Vermarktung, unsere Nachhaltigkeitsziele? Inwiefern lassen sich die Prinzipien digitaler Plattformen im Endkundengeschäft auf das in Deutschland starke B2B-Geschäft übertragen? Welchen Kulturwandel ▸

haben wir mit alldem angestoßen und wie führen, koordinieren und motivieren wir in Zeiten hybriden Arbeitens? Was braucht es dazu an Talenten, inneren Einstellungen, Fähigkeiten und Fertigkeiten? Und welche Anreize muss die Politik jetzt noch dringend setzen?

Die ersten Einblicke und Erkenntnisse, die auf diese Weise zustande gekommen sind, haben bei mir weiteres Interesse geweckt und vor allem Mut gemacht, die vielschichtigen Ansätze und das dahintersteckende Wissen zusammenzutragen und zugänglich zu machen. Was Sie deshalb jetzt in den Händen halten, ist genau das: ein Blick in die digitalen Maschinenräume unserer Unternehmen, in die Gedankenspiele unserer Wirtschaftslenker:innen, Macher:innen und Vordenker:innen. Es ist sicher keine vollumfängliche Handlungsanweisung zur digitalen Transformation. Aber es sind Beobachtungen, Meinungen, Momentaufnahmen, Impulse und Prognosen von Menschen, die aktuell in der Verantwortung stehen, die digitale Dekade, die noch größtenteils vor uns liegt, zu gestalten und zu prägen.

Als Leserin und Leser werden Sie unterschiedliche Branchen, Herausforderungen und Lösungsansätze kennenlernen. Sie werden erfahren, wie dank digitaler Steuerung ein Güterzug-Shuttle zwischen Automobilwerken in Bayern und einem Stahlhersteller in Österreich im hocheffizienten Kreislaufverkehr pen-

delt. Sie werden lernen, wie genau uns die Analyse der richtigen Daten im Vorhinein vor Herzinfarkten schützt. Sie werden verblüfft sehen, was Schlaglöcher auf der Straße mit schlechten Hotels gemeinsam haben. Und am Ende werden Sie wissen, warum auch Betriebsräte die sogenannte Barbecue-Theorie kennen sollten.

Was ich beim Zusammentragen der Beiträge für dieses Buch erfahren, daraus gelernt und mitgenommen habe, hat mir unter dem Strich gezeigt, dass in den digitalen Maschinenräumen unserer Unternehmen schon mehr passiert, als man vielleicht vermuten mag, dass die weiteren Handlungsbedarfe oft glasklar benannt, aber noch nicht immer voll in Umsetzung sind. Die Digitalmaschine, sie läuft gewiss – aber manchmal unter Stottern, und manchmal ist sie mit dem großen Rest noch nicht so eng vernetzt, wie es vielleicht sein sollte.

In jedem Fall war meine Erkenntnis, dass unsere deutsche Wirtschaft den Ernst und die Dringlichkeit der Lage begriffen hat; ein Erkenntnisproblem haben wir nicht mehr. Wir sind mit Volldampf in die Umsetzung unserer Digitalisierungsstrategien gestartet, und da liegt allerdings der Teufel noch in vielen Details. Nun müssen die kommenden Jahre zeigen, ob die 2020er-Jahre wirklich zu einer wahrhaft digitalen Dekade für unsere Wirtschaft und letztlich unsere Gesellschaft werden. Aber lesen Sie selbst! ∎

Die
2020er

zur **digitalen Dekade** machen

Achim Berg ist Präsident des deutschen Digital-Branchenverbands Bitkom, außerdem Beiratsvorsitzender von Flixbus und powercloud sowie Operating Partner beim Kapitalfonds General Atlantic. Zuvor war er in Führungspositionen bei Microsoft und Bertelsmann tätig. Berg setzt sich für die aktive Gestaltung der digitalen Transformation in Deutschland ein, mit Fokus auf die Themen digitale Bildung und Standortpolitik Deutschland.

Im Jahr 2022 werden wir über unsere Zukunft entscheiden. Die Bundestagswahl im letzten Jahr hat zu einem Regierungswechsel geführt. Und dieser muss in den verbleibenden dreieinhalb Jahren unbedingt auch mit einem nach vorne gerichteten Politikwechsel verbunden sein.

Jetzt gilt es: Wir müssen einen digitalen Aufbruch starten. Es ist nicht die Frage, ob wir das wollen oder nicht. Es geht um das Wie, um die Frage, welche Digitalisierung wir wollen und wie wir sie gestalten. Wir müssen unsere Rolle definieren in einer Welt, die sich in den vergangenen zwei Jahren so sehr verändert hat wie sonst in einem ganzen Jahrzehnt nicht. Die Coronapandemie hat einen beispiellosen Schub für ▸

> **"**Insofern hat die **Pandemie** den digitalen **Transformationsprozess,** der alles erfasst und dem sich **niemand entziehen** kann, weiter **vertieft** und beschleunigt.

die Digitalisierung ausgelöst – aber auch sehr klar unsere Defizite in Deutschland aufgezeigt.

Zum Beispiel in der Wirtschaft. Die gute Nachricht ist: Die Unternehmen wollen etwas tun und die Digitalisierung vorantreiben. Die weniger gute: Längst nicht alle sind dazu in der Lage. Acht von zehn Unternehmen haben in einer Umfrage des Bitkom angegeben, dass durch die Coronapandemie die Digitalisierung für das eigene Unternehmen an Bedeutung gewonnen hat. Aber nur jedes zehnte Unternehmen mit 20 bis 99 Beschäftigten und 13 Prozent derjenigen mit 100 bis 499 Beschäftigten haben ihre Investitionen in die Digitalisierung wirklich stark erhöht. Selbst bei den Großunternehmen ist es kaum mehr als jedes fünfte. In der Wirtschaft ist der oft beschworene Digitalisierungsschub durch Corona demnach zum Großteil ausgeblieben. Zu viele Unternehmen verharren im Analogen, zu wenige gehen bei der Digitalisierung mit Tempo voran.

Dabei sollte die Pandemie selbst notorischen Skeptiker:innen klargemacht haben, wie wichtig eine konsequente Digitalisierung ist. Wer bereits zuvor digital gut aufgestellt war, ob in Politik, Wirtschaft oder Gesellschaft, kommt besser durch diese schwierige Zeit. Die digitalen Vorreiter liefern die Blaupause für all jene, die bislang noch zögern. Unter dem Strich ist der Digitalisierungsdruck stark gestiegen. Insofern hat die Pandemie den digitalen Transformationsprozess, der alles erfasst und dem sich niemand entziehen kann, weiter vertieft und beschleunigt. Dieser Umbruch steht in einem Spannungsfeld aus vier großen Aufgaben, die uns herausfordern und deren Lösung zugleich eine beschleunigte Digitalisierung ist:

1 Digitale Souveränität

In dieser Hinsicht haben wir in den vergangenen Jahren schmerzvolle Erfahrungen gesammelt. Die Eskalation des Handelskonflikts zwischen den USA und China hat uns vor Augen geführt, dass wir im digitalen Raum mehr sein müssen als Schiedsrichter. Wir müssen weg von der Seitenlinie, rauf aufs Feld und zwar nicht als Spielball, sondern als starker, selbstbewusster, digital souveräner Player. Die einseitige Abhängigkeit von großen Digitalplattformen und Technologieimporten aus den USA und China hat uns verwundbar gemacht. Die USA haben ihre Partner und gerade auch Deutschland in den vergangenen Jahren massiv unter Druck gesetzt, zum Beispiel in der Frage, welche Technologien wir etwa beim Ausbau der digitalen Infrastruktur und den neuen 5G-Netzen einsetzen dürfen. Das muss ein Ende haben. Die deutsche und europäische Antwort auf die US-amerikanischen und chinesischen Drohszenarien ist das Konzept der digitalen Souveränität. Und es sind Projekte wie die europäische Cloud-Initiative Gaia-X oder die Förderung der Halbleiterproduktion bei uns in Europa, die wir weiter vorantreiben müssen.

2 Digitale Teilhabe

Die Digitalisierung ist nicht allein der Wirtschaft oder den Jungen vorbehalten – sie geht alle an. Schon vor 20 Jahren wurde vor einem „digitalen Graben" gewarnt: Noch immer teilt sich unsere Gesellschaft in Onliner:innen und Offliner:innen, jede:r Vierte fühlt sich von der Digitalisierung abgehängt. Der digitale Graben wächst sich nicht biologisch aus, wie manche Zyniker:innen erwarteten, sondern er bleibt. Das ist ungesund, um nicht zu sagen: gefährlich. Wenn relevante Teile der Gesellschaft von der Digitalisierung ausgeschlossen werden oder sich ausgeschlossen fühlen, befördert dies gesellschaftliche Fliehkräfte und bremst die wirtschaftliche Entwicklung. Die Gesellschaft braucht in ihrer ganzen Breite viel mehr digitale Kompetenz. Nur digital kompetente Menschen können sich souverän in der digitalen Welt bewegen. Digitale Bildung ist gleichermaßen eine Bringschuld von Staat und Unternehmen wie eine Holschule jeder bzw. jedes Einzelnen. Wir brauchen ein digitales Bildungsangebot, das über die Schulen weit hinausgeht und Menschen in allen Altersgruppen und Lebenssituationen zugutekommt. ▸

3 Nachhaltigkeit

Der Klimawandel ist eine existenzielle Bedrohung der Menschheit, und wir müssen unser Möglichstes tun, um ihn zu bekämpfen. Die Digitalisierung steht dazu nicht in Widerspruch, im Gegenteil, digitale Technologien können dabei helfen, unsere Klimaziele zu erreichen. Mehr noch: Wenn wir den Fehler machen, Klimaschutz und Nachhaltigkeit ohne Digitalisierung zu denken, werden wir scheitern. Die Potenziale für unser Land sind enorm: Mit digitalen Lösungen können wir den derzeit für 2030 prognostizierten CO_2-Ausstoß in Deutschland um bis zu 46 Prozent senken – zum Beispiel durch intelligente Stromnetze, sogenannte Smart Grids, intelligente Mobilitätsdienstleistungen oder die durch Künstliche Intelligenz gestützte Optimierung von Warenflüssen. Wir müssen unsere Unternehmen und Infrastrukturen also konsequent digitalisieren, nicht nur um erfolgreicher, sondern vor allem auch um ressourcenschonender zu wirtschaften. Bei der Bewältigung der umweltpolitischen Herausforderungen, vor denen wir zum Beispiel im Energie- und Gebäudesektor, in der Mobilität oder in der Landwirtschaft stehen, können digitale Technologien den alles entscheidenden Beitrag leisten – und das oftmals ohne Verzichts- oder Verteilungskampf, sondern durch einen massiven digitalen Effizienzschub.

4 Krisenresilienz

In der Coronakrise haben die digitalen Vorreiter von ihrem vorangegangenen Engagement profitiert. Das galt und gilt etwa für Unternehmen, die in der Lage sind, ihre Mitarbeitenden ins Homeoffice zu schicken, für Schulen, die sofort auf Homeschooling umstellen konnten, oder für Kommunen, die problemlos auf digitales Rathaus umgeschaltet haben. Gerade für den öffentlichen Sektor ist Digitalisierung praktizierte Krisenvorsorge. Die Corona-Warn-App ist ein Paradebeispiel dafür, wie digitale Technologien über viele Jahrzehnte gewachsene Verwaltungsstrukturen unterstützen und vielleicht auch einmal ersetzen können. Zugleich haben die langwierige Anlaufphase und der zunächst nur rudimentäre Funktionsumfang der App einmal mehr bewiesen, dass in Deutschland zu oft digitale Bedenkenträger:innen und zu selten digitale Macher:innen die Richtung vorgeben. Daraus müssen wir die richtigen Lehren ziehen. Warum braucht es mehrere physische Amtsgänge, um endlich einen neuen Pass oder Personalausweis in den Händen zu halten? Weshalb kann man sich zwar bei vielen Banken von zu Hause aus authentifizieren, nicht aber beim Gemeindeamt? Staat und Verwaltung müssen komplett umgebaut und kundenorientiert von der Bürgerschaft her gedacht

Souveränität, Teilhabe, Nachhaltigkeit, Resilienz – diesen Zielen sollte sich die Digitalpolitik in der noch jungen Legislaturperiode verschreiben. Deutschland muss die 2020er-Jahre zu einer durch und durch digitalen Dekade machen.

werden. Das bedeutet, Verwaltungsprozesse flächendeckend zu digitalisieren und im Gegenzug analoge Prozesse mit einem Verfallsdatum zu versehen.

Souveränität, Teilhabe, Nachhaltigkeit, Resilienz – diesen Zielen sollte sich die Digitalpolitik in der noch jungen Legislaturperiode verschreiben. Ein in seiner Zusammensetzung völlig neues Regierungsbündnis bietet die Chance für neue Inhalte und gleichzeitig einen neuen Stil in der Politik. Der digitale Aufbruch darf dabei nicht nur eine abstrakte Zielstellung sein, sondern er muss allen voran in Politik und Verwaltung gelebt werden. Eine gute Digitalpolitik ist gleichermaßen die beste Wirtschafts- und die beste Klimapolitik. Die Digitalisierung – das haben Handelskonflikte, Klimakrise und nicht zuletzt die Coronapandemie gezeigt – ist kein verzichtbares Extra. Deutschland muss die 2020er-Jahre zu einer durch und durch digitalen Dekade machen. ■

Top 4

1

Die deutsche und europäische Antwort auf die US-amerikanischen und chinesischen Drohszenarien muss das Konzept der digitalen Souveränität sein und damit etwa Projekte wie die Cloud-Initiative Gaia-X oder die Förderung der Halbleiterproduktion in Europa priorisieren. Hier gibt es noch aktiven Handlungsbedarf.

2

Mit digitalen Lösungen können wir den derzeit für 2030 prognostizierten CO_2-Ausstoß in Deutschland um bis zu 46 Prozent senken – zum Beispiel durch Smart Grids, intelligente Mobilitätsdienstleistungen oder die durch Künstliche Intelligenz gestützte Optimierung von Warenflüssen.

ACHIM BERG

3

Nur **digital kompetente Menschen** können sich souverän in der digitalen Welt bewegen. Digitale Bildung ist gleichermaßen eine Bringschuld von Staat und Unternehmen wie die Holschuld jeder bzw. jedes Einzelnen.

4

Gerade für den öffentlichen Sektor ist **Digitalisierung praktizierte Krisenvorsorge**. Staat und Verwaltung müssen komplett umgebaut und kundenorientiert von der Bürgerschaft her gedacht werden. Das bedeutet, **Verwaltungsprozesse** flächendeckend zu **digitalisieren** und im Gegenzug analoge Prozesse mit einem Verfallsdatum zu versehen.

Takeaways

zeitig

Professor Dr. Michael Hüther ist Direktor des Instituts der deutschen Wirtschaft und einer der profiliertesten Wirtschaftsforscher Deutschlands. Er ist seit 2016 immer wieder als Visiting-Professor an der kalifornischen Stanford University tätig und engagiert sich zusätzlich in zahlreichen Aufsichtsräten, unter anderem beim TÜV Rheinland, und bei Allianz Global Investors, sowie im Vorstand der Atlantik-Brücke. Er ist Träger des Bundesverdienstkreuzes.

Wer den Blick im Zeitalter der Digitalisierung nach vorne richtet, der geht gewöhnlich davon aus, dass Disruptionen und Brüche das Bild prägen werden. Nie war der Umsturz näher. Grundlegend verändert die digitale Transformation die Geschäftsmodelle, Prozesse und Produkte, aber auch das gesellschaftliche Miteinander und die politische Kommunikation. Dagegen lehrt die geschichtliche Betrachtung, dass selbst grundstürzende Veränderungen – durch Basistechnologien, Ressourcenschocks oder Pandemien – im Nachhinein stärker durch Pfadabhängigkeiten geprägt sind, als dies vorab möglich schien. Dieser Gedanke mag unmodern erscheinen, unhistorisch ist er indes nicht. Was bleibt davon heute, und was folgt daraus?

Wenn man Digitalisierung als uniformen Vorgang versteht, der keine Räume für Differenzierung lässt, dann wird man sich mit diesem Gedanken schwertun. Tatsächlich lassen die globalen Effekte und Standards großer Internetfirmen – etwa Google, Amazon, Meta, Apple, ▶

Microsoft – genau das erwarten. Bei genauerer Betrachtung stellt man indes fest, dass sich diese Wirkungen vor allem in der B2C- und der C2C-Welt einstellen, also dort, wo Unternehmen und Konsumierende direkt in Kontakt geraten, und dort, wo Konsumierende miteinander faktisch Marktbeziehungen eingehen. In beiden Fällen haben Plattformen eine herausragende Bedeutung, steigern ihren Nutzwert durch Skalierung, wenn es immer mehr Nutzende auf allen Marktseiten gibt.

In der B2B-Welt hingegen, wo Unternehmen aufeinandertreffen und Geschäfte machen, finden wir eine digitale Transformation, die schon durch ihr Label erkennen lässt, dass es sich nicht um eine US-amerikanische Prägung handelt: Industrie 4.0. Konzeptionell ist dieses Label anschlussfähig an die Position der deutschen Industrie im Strukturwandel, während es anderen Volkswirtschaften ohne vergleichbare Industrie kaum offensteht. Dann geht es um Differenzierung in der industriellen Wertschöpfung bis hin zur kosteneffizienten Bereitstellung der Losgröße 1, das heißt einer maximal an den spezifischen Kundenwünschen orientierten, hochtechnischen Einzellösung.

Der Begriff der Industrie 4.0 wird erst dadurch zur Konzeption, dass dieser schlüssig an die Entwicklungspfade des vorangegangenen Strukturwandels anknüpft. Denn die deutsche Industrie hat ihre gesamtwirtschaftlich starke Bedeutung, die sich verglichen mit dem Vereinigten Königreich, Frankreich, Italien und den Vereinigten Staaten in einem gut doppelt so hohen Anteil der Industrie am Bruttoinlandsprodukt manifestiert, durch eine Differenzierungsstrategie in Kooperation mit Dienstleistungen erarbeitet. Es ging den Unternehmen seit der Automatisation der Produktionsprozesse zu Beginn der 1970er-Jahre zunehmend darum, sich durch Leistungsunterschiede, besondere Qualitäten oder spezifische Nutzungsmöglichkeiten im Markt erfolgreich zu platzieren.

Der so entstandene Industrie-Dienstleistungsverbund konnte einigermaßen selbstverständlich in die digitale Transformation einsteigen, weil dadurch neue Optionen für kundendifferenzierte Leistungen entstehen, nämlich durch Daten in Echtzeit über das Nutzungsverhalten, über neue Analysemöglichkeiten mittels Big Data, über die zeitgleiche Steuerung und Anpassung der Produkte während der Nutzung sowie die Ausbeutung von Mustererkennungen durch Anwendungen der Künstlichen Intelligenz. Da kann es auch nicht überraschen, dass mehr als 50 Prozent der Patente zum autonomen Fahren aus Deutschland kommen oder hier lokalisiert sind.

Nun bedeutet dies an sich nicht, dass all dies auch künftig noch zählt. Aber erkennbar sollte werden, dass die Startrampe für die weitere digitale Transformation weit aus dem bisherigen Strukturwandel herausragt und dieser damit grundsätzlich anschlussfähig ist. Pfadabhängigkeiten – so lautet die zugespitzte These – wirken in der Digitalisierung weiter. Freilich macht das die Herausforderung nicht kleiner, aber doch besser vermittelbar. Hinzu kommt aber, dass es mit der Digitalisierung nicht getan sein wird. Die besondere Qualität in der Herausforderung des Strukturwandels besteht in der Bündelung von vier Megatrends: neben der digitalen Transformation die Dekarbonisierung, die gestiegenen Risiken der Deglobalisierung und die demografische Alterung. All dies muss gleichzeitig geleistet werden.

In diesem „gleichzeitig" liegt aber auch die große Chance, wenn man die wechselseitigen Beziehungen zwischen den Megatrends im Strukturwandel beachtet. Die Dekarbonisierung ist ohne die digitale Transformation nicht zu denken, weil dadurch wichtige Beiträge für die Energiewende und den effizienten Ressourceneinsatz insgesamt erst möglich werden. Die Globalisierung hat verstärkt seit 1990 zur Ausweitung und Integration der Märkte geführt. Seit einigen Jahren ist der Protektionismus hingegen eine Bedrohung, der zusammen mit dem Systemkonflikt, in dem sich der transatlantische Westen mit China befindet, die Kosten der Globalisierung

– treffender der Deglobalisierung – nach oben treibt.

Cybersecurity ist ein weiterer Treiber der Transaktionskosten in der weltwirtschaftlichen Kooperation. Unternehmen fehlt hierfür vielfach noch die Sensibilität, das notwendige Risikobewusstsein. Deutlich wurde aber in den letzten Jahren, wo Europa im internationalen Konzert seinen Vorteil ausspielen kann: bei der Standardsetzung (etwa der Datenschutz-Grundverordnung, der DSGVO) und bei der Wettbewerbspolitik (etwa dem Digital Markets Act, dem DMA). Hier geht es um fairen, weil unter vergleichbaren Bedingungen stattfindenden Wettbewerb auf den nationalen Märkten (Plattformen). Dann können die Unternehmen ihre Vorteile durch die Digitalisierung auch wirklich ausspielen.

Eine durchdigitalisierte Wirtschaft und Unternehmenslandschaft muss freilich nicht so aussehen, wie wir es uns heute technisch denken und vorstellen können. Auch wenn viele Perspektiven einer sich stärker selbststeuernden Ökonomie bereits präzise beschrieben werden können, so darf doch eines nicht übersehen werden: Am Ende entscheiden in der freien und sozialen Marktwirtschaft die Konsumierenden, so wie in der Demokratie die Wahlbürger:innen. Dazu müssen die Konsumierenden den Mehrwert erkennen. In einer aktuellen Befragung des Instituts der deutschen Wirtschaft ▶

29

nach den hauptsächlichen Hemmnissen für die Digitalisierung haben die deutschen Unternehmen zwei Bedingungen mit jeweils rund 53 Prozent benannt: Einerseits sei der konkrete Nutzen der Digitalisierung nicht klar, andererseits fehlten die Fachkräfte und Expert:innen[1]. Möglicherweise greifen beide Hemmnisse ineinander.

Deutlich wird jedenfalls: Auch in der Digitalisierung springt der volkswirtschaftliche Strukturwandel nicht, sondern bewegt sich immer noch in Pfadabhängigkeiten. Auch die große Transformation, die sich mit dem Ausstieg aus dem fossilen Zeitalter verbindet, wird nur gelingen, wenn der Übergang als machbar und gestaltbar zu beschreiben ist. Die Menschen werden fragen, was all das für sie im Hier und Jetzt bedeutet. Die Digitalisierung als Chance und nicht als Anpassungserfordernis ist dafür die attraktivere Geschichte, und der Hinweis auf die weit vorragende Startrampe des Strukturwandels sollte Mut machen. ∎

Top 3

Im Nachhinein betrachtet sind selbst grundstürzende Veränderungen – etwa durch Basistechnologien, Ressourcenschocks oder Pandemien – stärker durch Pfadabhängigkeiten geprägt, als dies vorab möglich schien. Auch in der Digitalisierung sehen wir Pfadabhängigkeiten weiter wirken, und in Deutschland ragt so die symbolische Startrampe für die weitere digitale Transformation aus dem bisherigen Strukturwandel weit heraus. Für unser Land ergeben sich somit einzigartige Chancen:

1 Während wir in der digitalen Welt weiter ein **Winner-takes-all-Prinzip** im B2C-Bereich beobachten, also im direkten Kontakt mit den Endverbraucher:innen, ist das im für Deutschland zentralen B2B-Umfeld – zwischen Unternehmen, wo eine Differenzierung bis zur Losgröße 1 entscheidend ist – noch vergleichsweise offen. Vielfältig **wachsende Ökosysteme** sind vorstellbar.

2 Die deutsche Stärke in der industriellen Fertigung kann deshalb durch eine **klare Differenzierungsstrategie** in Kooperation mit Dienstleistungen ergänzt und so zum bleibenden Erfolgsfaktor für unsere **Wirtschaft entwickelt** werden.

3 Über den Erfolg einer durchdigitalisierten Wirtschaft und Unternehmenslandschaft entscheidet allerdings am Ende der **souveräne Konsumierende** der freien und sozialen Marktwirtschaft.

Takeaways

Die
digitale

Dekade gestalten
Der Mensch im Fokus

Dr. Elke Eller ist Aufsichtsrätin, Unternehmerin und Coach. Bis 2021 war sie HR-Vorständin und Arbeitsdirektorin der TUI Group. Davor war Eller Mitglied des Markenvorstands von VW Nutzfahrzeuge sowie im Vorstand von Volkswagen Financial Services. Sie ist Investorin bei verschiedenen Start-ups und beschäftigt sich mit Fragen der digitalen Transformation und deren Auswirkungen auf Mitarbeitende und Unternehmen.

Wie HR die digitale Transformation von Unternehmen mitgestalten muss

Kennen Sie die Barbecue-Theorie? Alles, was gegrillt werden kann, kommt auf den Grill. Angewendet auf die Digitalisierung bedeutet das: Alles, was digitalisiert werden kann, wird digitalisiert. Nachrichten, der tägliche Einkauf oder die Partnersuche – was uns im Privatleben längst selbstverständlich scheint, macht vor Unternehmen nicht halt. Kommunikation, Geschäftsprozesse und Geschäftsmodelle – die Digitalisierung ist heute allgegenwärtig geworden. Wenn es 2012 teils noch hieß, das Internet sei Neuland für uns alle, dann lässt sich 2022 mit Recht sagen, die Digitalisierung ist der neue Normalzustand.

Dieser Normalzustand ist aber bei Weitem noch nicht abgeschlossen. Ganz im Gegenteil, ich bin fest davon überzeugt, dass uns die weitreichendsten Veränderungen erst noch bevorstehen. Denn bildlich gesprochen findet Digitalisierung heute eher auf Inseln statt denn auf ganzen Kontinenten. Es gibt immer noch zu viele Bereiche, für die Digitalisierung eher ein bedrohliches Zukunftsszenario ist statt jetzt anzugehende Herausforderung oder sogar Chance. Die Coronapandemie hat sehr deutlich gezeigt, wo für Deutschland noch Nachholbedarf besteht, zum Beispiel im Bildungssystem, in der Verwaltung und im Gesundheitssystem. Aber auch viele – vor allem mittlere und kleine – Unternehmen scheinen noch nicht das volle Potenzial auszuschöpfen, wenn es um digitale Technologien, digitale Marketingstrategien oder digitale Prozesse im Personalwesen (HR) geht.

Die digitale Dekade der 2020er-Jahre kann und muss der Zeitraum werden, in dem die Digitalisierung alle Bereiche erreicht, verändert und weiterentwickelt. Wie können sich Unternehmen mit Blick auf ihre Mitarbeitenden heute darauf vorbereiten? Zunächst mag sich die Frage stellen, warum bei einer technologischen Revolution der Blick auf die Mitarbeitenden genauso relevant sein sollte wie der Blick auf das eigene Geschäftsmodell oder die Prozesse im Unternehmen. Meine Erfahrung als HR-Vorständin lehrt mich: Die Digitalisierung ist für Unternehmen ein Transformationsprozess. Und jeder Transformationsprozess sollte den Menschen in den Mittelpunkt stellen, um zum Erfolg zu führen.

Kultur und Führung: Vertrauen ist der Schlüssel

Wir erleben einen kulturellen Wandel, der sich an den Generationen Y und Z wunderbar studieren lässt. Fragen Sie jüngere Kolleg:innen und Mitarbeitende doch einmal, wie sie zu Karriere, Work-Life-Balance und beruflicher Sinnsuche stehen. Dabei gilt: Nicht nur junge Generationen legen Wert auf eine gesunde Unternehmenskultur. Sie fordern sie meist nur selbstbewusster ein.

Mitarbeitende sind in den allermeisten Fällen intrinsisch motiviert. Mit mehr Druck oder mehr Geld ist da nur wenig zu bewegen. Führung im Sinne von „one size fits all" hat deshalb ausgedient. Wir müssen es schaffen, individueller auf Mitarbeitende einzugehen, ihre Potenziale erkennen und sie befähigen, ihre Ideen besser einzubringen. Führungskräfte werden dabei zum Coach. Empowerment statt Kontrolle, das ist die Devise.

Vertrauen ist hierbei die härteste Währung. Arbeiten die Kolleg:innen auch ordentlich im Homeoffice? Setzen sie ihre Ressourcen effizient ein, und sind sie für Teammitglieder und Kundschaft zu erreichen? Wer sich diese Fragen ständig stellt, schafft eine Atmosphäre des Misstrauens. Natürlich müssen organisatorische Punkte geklärt werden, aber dann: Lasst sie machen. Mitarbeitende werden das Vertrauen zu schätzen wissen und entsprechend zurückzahlen! So schaffen Sie einen Raum, in dem Kolleg:innen Ideen selbstständig realisieren und Entscheidungen treffen, statt darauf zu warten, dass andere das für sie tun. Digitalisierung bedeutet Beschleunigung und Vereinfachung von Prozessen. Entscheidungen müssen deshalb schneller von immer mehr Mitarbeitenden

getroffen werden – und nicht nur von denen, die tatsächlich Führungsverantwortung haben. Digitalisierung bedeutet aber auch Beschleunigung des Marktes und der Wettbewerber. Da wäre es fatal, wenn Vorgesetzte der Flaschenhals sind und neue Ideen verzögern.

Dabei mag die Frage aufkommen, wozu es Führung überhaupt noch bedarf, wenn die Mitarbeitenden Entscheidungen immer öfter selbst treffen und treffen sollen. Aus meiner Sicht wird Führung in solchen Umfeldern sogar noch wichtiger. Wo sich Führung in der Vergangenheit hinter Expertenwissen oder Strenge verstecken konnte, wird sie nun zum zentralen Steuerungsmittel in Zeiten des Umbruchs, wie sie die Digitalisierung mit sich bringt. Denn dabei kommt es in besonderer Weise darauf an, Orientierung zu geben, Visionen zu entwerfen und den Weg aufzuzeigen, wie diese erreicht werden können. Es kommt darauf an, Mitarbeitende so zu befähigen, dass sie sich selbst organisieren können und ebenso mündig wie motiviert ihren Arbeitsalltag und die anstehenden Aufgaben angehen. Auf Enablement und Empowerment kommt es an. Daraus entstehen Kreativität und Geschwindigkeit – also zwei zentrale Erfolgskennziffern für jedes Unternehmen.

Und das hat ganz entscheidend mit der Kultur eines Unternehmens zu tun. Ich bin fest davon überzeugt, ▸

dass die Unternehmenskultur und die Art, wie in Unternehmen Teams geführt oder Mitarbeitende in ihrer Weiterentwicklung durch Manager:innen unterstützt werden, einen großen Unterschied machen. Die Gehaltsabrechnung führt zwar einmal im Monat einen der Gründe vor Augen, weshalb man zur Arbeit kommt. Das Team, die Kolleg:innen in der Kantine, die direkten Vorgesetzten oder das Topmanagement leben im besten Fall jeden Tag vor, warum es sich lohnt, zur Arbeit zu gehen. Eine Unternehmenskultur, die die digitale Transformation unterstützt, setzt auf die beschriebenen Aspekte – um agiler als Wettbewerber zu sein, um die Potenziale der Mitarbeitenden freizusetzen und um die richtigen zukünftigen Kolleg:innen anzuziehen.

Ein neuer Bildungskanon für die digitale Arbeitswelt

In einer Befragung des Instituts der deutschen Wirtschaft im Auftrag des Bundesverbandes der Personalmanager unter 700 HR-Manager:innen in Deutschland gibt die Mehrheit von ihnen an, dass in ihrem Unternehmen der Kompetenzbedarf bei beruflichem Fachwissen „voll und ganz" (32 Prozent) oder „eher" (65 Prozent) gedeckt ist. Gleichzeitig sehen sie erheblichen Nachholbedarf in dem Bereich Veränderungsbereitschaft und Flexibilität der Mitarbeitenden. Gerade einmal 7 Pro-

zent sehen ihn in ihrer aktuellen Belegschaft „voll und ganz" gedeckt. Interessant ist zudem die Einschätzung der HR-Fachkräfte welche Kompetenzen in Zukunft an Bedeutung zunehmen werden: neben IT-Anwenderkenntnissen sind das vor allem Veränderungsbereitschaft und Flexibilität[2].

Fachwissen, IT-Wissen sowie soziale und personale Kompetenzen bilden den neuen Bildungskanon für unsere digitale Arbeitswelt. Wenn Deutschland auch morgen noch Tüftlernation und Exportweltmeister sein will, dann müssen wir unser Schulsystem sowie die Institutionen der beruflichen Aus- und Weiterbildung konsequent auf diese drei Qualifikations- und Kompetenzfelder ausrichten: raus aus der Kreidezeit und hinein in eine digitale Lernwelt. Die Politik sollte die Voraussetzungen für eine Wissensvermittlung schaffen, die neben dem faktischen Wissen auch genügend Raum für die Entwicklung der dringend benötigten sozialen und personalen Kompetenzen lässt. Sonst sind fehlende Veränderungsbereitschaft und Flexibilität in der digitalen Arbeitswelt das, was der Fachkräftemangel heute ist – eine Bremse für Wachstum und Wohlstand.

Selbstverständlich sollten auch Unternehmen die Voraussetzungen schaffen, damit Mitarbeitende kontinuierlich in ihrer Karriere lernen und sich weiterentwickeln. Dazu können

Freiräume geschaffen werden, indem Mitarbeitenden etwa monatliche oder jährliche Lernkontingente eingeräumt werden, die sie entsprechend ihrer Interessen nutzen können. Massive Open Online Courses (MOOC) bieten zum Beispiel heute leichten digitalen Zugang zu hochrelevanten Inhalten: hochgradig individualisiert, interaktiv, mobil zugänglich. Die alte Weiterbildung in grauen Seminarräumen hat jedenfalls ausgedient. So wie Mitarbeitende Filme oder Musik jederzeit und überall konsumieren können (und wollen), sollten auch Lerninhalte verfügbar sein. Das Lernen muss sich organisch nahtlos ins Leben einfügen lassen.

Auf der einen Seite wird es also auf das Lernangebot ankommen. Hier sind die Unternehmen in der Verantwortung. Hinzu kommt aber an dieser Stelle der kulturelle Aspekt: Leben die Führungskräfte eine Lernkultur auch wirklich vor? Unterstützen sie die Mitarbeitenden auf ihrer individuellen Lernreise? Wie sieht die Feedback-Kultur im Unternehmen aus? Verfügt der Personalbereich über die Ressourcen, um das kontinuierliche Lernen mit den passenden Angeboten zu unterstützen, gibt es einen strategischen, langfristigen Ansatz? Natürlich gehören zum Gesamtbild auch lernbereite Mitarbeitende, die in Eigenverantwortung die Initiative ergreifen. Hier wird es in Zukunft noch stärker darauf ankommen, bereits im Rekrutierungs-

prozess darauf zu achten, Menschen mit einem Growth Mindset zu gewinnen. Solche Talente muss man nicht überreden, an neuen Aufgaben und an sich selbst wachsen zu wollen – sie streben von sich aus danach.

Betriebliche Mitbestimmung: Vom Lastenheft zur aktiven Mitgestaltung

Soll die digitale Transformation in deutschen Unternehmen gelingen, dann braucht es außerdem eine starke Partnerschaft mit den Gremien der betrieblichen Mitbestimmung. Gerade in Zeiten der Transformation oder auch einer Krise hat sich die enge Einbindung der Arbeitnehmervertretenden bewährt. Vor dem Hintergrund dieser Erfolgsgeschichte gilt es zu fragen, ob die althergebrachten Formate und Prozesse der betrieblichen Mitbestimmung auch noch in der digitalen Dekade der 2020er-Jahre und darüber hinaus effektiv sind.

Wenn Geschwindigkeit und Komplexität betrieblicher Prozesse zunehmen, die Arbeit in der Matrix oder in Projekten das neue Normal sind, die Eigenverantwortung der Mitarbeitenden steigt – dann sollten auch Unternehmen und Betriebsräte über neue, agile Möglichkeiten der Betriebsratsarbeit nachdenken. Auch in der Vergangenheit gab es Weiterentwicklungen. Vor einigen Jahren stand die Mitbestimmung am Ende eines Unternehmensprozesses und man arbeitete eher ▸

ein Lastenheft ab, als die heute übliche proaktive Rolle ein-
zunehmen. Aus einer reaktiven Rolle ist eine mitgestaltende
geworden, und das ist gut.

Und wie könnte die Betriebsratsarbeit in einer digitalen Dekade aussehen? Ich bin überzeugt, dass Vertrauen
und Transparenz eine noch größere Rolle in der Zusammenarbeit zwischen Unternehmen und Arbeitnehmervertretun-
gen einnehmen werden. Um der zunehmenden Projekt- und
Matrixarbeit gerecht zu werden, wird die themen- und aufga-
bengeleitete Begleitung von Unternehmensprozessen umso
wichtiger. Und ich sehe eine breiter angelegte Gestaltungskompetenz der Betriebsrät:innen, die sich noch stärker auch
mit eigenen Initiativen einbringen und intensiver mit den relevanten Interessengruppen vernetzen.

Offenheit und Akzeptanz für die digitale Dekade

Drei Aspekte für die digitale Dekade habe ich diskutiert:
1. Kultur und Führung, 2. Bildung und 3. Betriebliche Mitbestimmung. Was sie alle drei auszeichnet, ist die Offenheit für
Neues und der Platz für spontane Veränderung. Unternehmen
– und somit die Menschen, die in ihnen und für sie arbeiten –
sollten offen sein für die Transformation. Wer sich heute
mit den Wirkungsmechanismen der digitalen Dekade aus-
einandersetzt und sich auf sie vorbereitet, kann sie proaktiv
gestalten, anstatt von ihr mitgerissen zu werden. Heute so
führen, dass morgen die dringend benötigten Talente gern im
Unternehmen arbeiten. Heute das lernen, was morgen das
Unternehmen voranbringt. Heute die Betriebsratsarbeit so
gestalten, dass sie auch unter veränderten Bedingungen ihren
Beitrag zum Unternehmenserfolg leisten kann.

Es ist nicht „das Unternehmen", das in die digitale
Dekade geht. Es sind die Mitarbeitenden, Führungskräfte,
Partner, Dienstleister. Es ist letztlich unsere Gesellschaft als
Ganzes. Transformationen sind ein People Business. Deshalb
sollte der Mensch im Fokus stehen. ■

Top 3 Takeaways

1 Die Führungskraft wird zum Coach, gibt Orientierung und entwirft die Vision. **Enablement und Empowerment** der Mitarbeitenden erzeugen Kreativität und Geschwindigkeit.

2 Fachwissen, IT-Wissen sowie soziale und personale Kompetenzen bilden den neuen **Bildungskanon** für die **digitale Arbeitswelt**.

3 Digitalisierung verändert auch die Arbeit von Betriebsräten. Betriebsräte sollten eine breiter angelegte **Gestaltungskompetenz entwickeln** und sich noch stärker einbringen.

Was wirklich
zählt

Wie **Digitali- sierung** unser **Leben** verlän- gern kann

Chantal Friebertshäuser ist Senior Vice President und Geschäftsführerin von MSD Deutschland. Seit mehr als 130 Jahren erforscht das in den USA und Kanada unter dem Namen Merck & Co., Inc. mit Sitz in Kenilworth, New Jersey (USA) bekannte Unternehmen Medikamente, Impfstoffe und Biologika. Chantal Friebertshäuser ist Mitglied im Präsidium des Verbandes forschender Pharma-Unternehmen (vfa) und im Board of Directors der Deutsch-Amerikanischen Handelskammer (AmCham). Meaningful Business als werte- und nutzenorientiertes Wirtschaftsmodell, kulturelle Transformation und die Digitalisierung der Gesundheit gehören zu ihren Fokusbereichen.

Neue Version verfügbar! Für unser Gesundheitssystem gab es in den letzten zwei Jahren viele digitale Updates. Das hat Deutschland zu Recht auch international Anerkennung eingebracht. Die „App auf Rezept" ist made in Germany und zeigt, was wir können. Trendforscher:innen erwarten, dass in Zukunft jedes Medikament mit einem digitalen Begleiter auf den Markt kommt. Bereits 2025 soll der Einsatz von Künstlicher Intelligenz bei mehr als 80 Prozent aller neuen Wirkstoffe die Forschung beschleunigen. So können innovative Therapiemöglichkeiten den Patient:innen noch schneller zur Verfügung stehen.

Motor der Innovation ist der zutiefst menschliche Wunsch nach einem besseren, gesünderen und längeren Leben. In Deutschland haben wir in den letzten 100 Jahren mehr als 30 Jahre Lebenszeit gewonnen. Die Krebssterblichkeit ist seit 1990 um 25 Prozent zurückgegangen[3]. Und dabei spielen Innovationen aus der medizinischen Forschung eine zentrale Rolle. Etwa die Entwicklung von Impfstoffen, wie zum Beispiel gegen Polio, Masern oder Keuchhusten. Die Weltgesundheitsorganisation sagt: Der Zugang zu sauberem Wasser und die Verfügbarkeit von Impfstoffen haben den größten Einfluss auf die Weltgesundheit.

Aber es ist noch viel zu tun. Tatsächlich sind bis heute nur rund 30 Prozent der 30.000 bekannten Erkrankungen effektiv behandelbar[4]. Noch immer sterben in Deutschland vier von zehn Menschen an einer Krebserkrankung. Das sind 600 Menschen pro Tag, 220.000 pro Jahr. Initiativen wie „Vision Zero"[5], deren Ziel eine Welt ohne vermeidbare Krebstote ist, sind wichtige Fortschrittstreiber. Digitalisierung kann dabei helfen: Coaching-Apps können Menschen unterstützen, ihren ungesunden Lebensstil zu ändern. Auf Künstliche Intelligenz basierte Anwendungen unterstützen Ärzt:innen bei der rechtzeitigen Diagnose und besten Therapieentscheidung. Patientennahe Daten ermöglichen es, Nebenwirkungen noch vor dem Auftreten abzufangen und unterstützen die Entwicklung zielgenauerer Therapien.

Allerdings haben wir die Patient:innenversorgung lange kaum weiterentwickelt und vernetzt. Nicht einmal die behandelnden Ärzt:innen wissen heute, welche Medikamente ihre Patient:innen tatsächlich bezogen oder in der Apotheke selbst gekauft haben. Wechselwirkungen bleiben mitunter unbemerkt, die Therapietreue kann nicht optimiert werden. Wir leisten uns den Luxus, zwei Jahre zu warten, bis wir auch nur ungefähr abschätzen können, wie viele Impfungen in einer Region grob in Anspruch genommen wurden, und wir können den Versicherten nicht rechtzeitig Bescheid geben, welche Impfung oder Auffrischung notwendig wird.

Jede Supermarktkette kann hingegen zu jedem Zeitpunkt nachvollziehen, welche Produkte in welcher Filiale am meisten nachgefragt sind, und Amazon unterbreitet mir individuelle Angebote basierend auf meinem Einkaufsverhalten. Im Komfortbereich nutzen wir diese Instrumente täglich – aber nicht da, wo es unser Leben verbessern oder verlängern könnte.

Braucht es mehr als eine Pandemie, damit wir aufwachen und handeln?

Meine These: Wir haben dank des medizinischen Fortschritts in der Prävention und Therapie binnen 100 Jahren 30 Jahre Lebenserwartung gewonnen. Wie wäre es, wenn wir dank der Digitalisierung für die nächsten 30 Jahre an Zugewinn nicht 100, sondern nur 50 Jahre bräuchten? Dafür müssen wir Bewegung ins System bringen. Mit drei konkreten Impulsen.

Erster Impuls:
Meine Gesundheit – digital verfügbar und für mich maßgeschneidert

Lange hatten Patient:innen nur einen kurzen Moment, um an medizinisches Fachwissen zu kommen: die oft wenigen Minuten im Untersuchungsraum mit dem Arzt oder der Ärztin. Dass viele Patient:innen Rat bei „Dr. Google" suchen, hat auch damit zu tun, dass der spontane Zugang zu zeitgemäßer medizinischer Versorgung bisher nicht gegeben ist. Eine digital integrierte Ver-

sorgung setzt hier an. Sie rückt den Menschen in den Mittelpunkt seines persönlichen Gesundheitsnetzwerks.

Ein wichtiger Baustein sind die digitalen Gesundheitsanwendungen. Sie unterstützen Patient:innen dabei, ihre Erkrankung selbst zu managen – mit Daten, die sie selbst erheben. Patientensicherheit stärken wir nämlich vor allem durch den aktiven Einbezug in die Behandlung. Künftig bekomme ich Hinweise zu Präventionsangeboten. Künstliche Intelligenz kann ein erstes Screening vornehmen oder bei sich andeutenden Krisen Alarm schlagen. Ärzt:innen können sich so auf die relevanten Befunde konzentrieren und sich dank vorab verfügbarer Daten optimal vorbereiten. Heimtests und die Videosprechstunde werden im Akutfall einen frühen Behandlungsbeginn ermöglichen.

Die Coronapandemie ist ein Stresstest für unser Gesundheitssystem. Viele Lösungen mussten wir erst entwickeln. Buchungsportale brachen unter den Anfragen zusammen, Impfungen mussten aufwendig nacherfasst werden. Wir alle haben mittlerweile viele Einzelanwendungen auf dem Handy: von der Corona-Warn-App und Luca über CovApp, CovPass und SaveVac bis zu Apps zur Terminvereinbarung. Und doch decken sie nur Teile eines digitalen Impfmanagements ab. Zukünftig brauchen wir Lösungen, die die medizinische Versorgung und ▸

unsere Gesundheit unterstützen und zugleich im Krisenfall verfügbar und skalierbar sind. Dabei ist viel vorbereitet: Die Technik für die elektronische Patientenakte steht, der digitale Impfpass kann ein wertvoller Teil davon sein. Aber noch immer mahnen manche, es gehe zu schnell und koste zu viel. Dabei ist das Gegenteil richtig: Wir müssen jetzt investieren, um morgen von einer besseren Versorgung zu profitieren.

Zweiter Impuls:
Mit Daten Leben retten

Medizinische Innovationen entwickeln heißt: viele Jahre auf Risiko investieren und Niederlagen hinnehmen. Die Entwicklung eines neuen Medikamentes dauert im Schnitt 13 Jahre. Von 10.000 Prüfsubstanzen wird am Ende nur eine zugelassen[6]. Heute stehen wir wortwörtlich vor einem Quantensprung. Quantencomputer werden künftig diese Molekülsuche stark beschleunigen und Entwicklungskosten senken. Erste Pilotvorhaben im Bereich der Immuntherapien am Deutschen Krebsforschungszentrum zeigen, wie auch die Auswertung großer und vielfältiger Datenmengen von der neuen Technologie profitieren kann[7]. Eine solche Mustersuche hilft uns nicht nur, Fehl- und Unterversorgungen zu entdecken. Künftig werden wir so auch Hypothesen bilden können, um neue Therapieansätze zu verfolgen.

Klinische Forschung ist und bleibt der Goldstandard für die Medikamentenzulassung. Versorgungsdaten ergänzen sie nicht nur um mehr Evidenz, sie sind unverzichtbar für eine personalisierte Medizin von morgen. Bei immer spezifischeren Therapien brauchen wir „digitale Zwillinge", also virtuelle Doubles von Menschen, um Vergleichsgruppen in Studien zu simulieren. Mit maschinellem Lernen wollen wir in Zukunft erwartbare Nebenwirkungen früh erkennen und die Therapietreue erhöhen. Ziel einer vorbeugenden Medizin muss es sein, Krankheitsbilder zu bemerken und deren Fortschreiten vorherzusagen, bevor Symptome wahrnehmbar sind. Der Dreiklang von digitaler Diagnostik, innovativen Medikamenten und neuen Therapieangeboten könnte neurodegenerativen Krankheiten wie Alzheimer oder Parkinson vielleicht schon bald den Schrecken nehmen.

Klar ist aber auch, dass Gesundheitsdaten hochsensibel sind und dass wir sichere Datenbanken, Übertragungswege und Datenschutzkonzepte brauchen. Das darf aber nicht bedeuten, dass wir die Daten wegsperren und veralten lassen – kurz: Wissen wegwerfen. Wir brauchen einen gesellschaftlichen Konsens, wie wir mit diesen Daten, sicher pseudonymisiert, in der Forschung arbeiten können – in der öffentlichen und in der privaten Forschung. Datenzugang in der medizinischen Forschung sollte an ein unabhängiges Ethikvotum und die Gewährleistung der Datensicherheit gebunden sein. Das hat sich in der klinischen Forschung seit Jahrzehnten bewährt. Der Datenzugang darf nicht von der Rechtsform der Datennutzenden abhängen. Damit Europa eine entscheidende Rolle spielen kann, müssen wir den Flickenteppich nationaler und föderaler Regelungen überwinden. Unternehmen und nationale Aufsichtsbehörden brauchen Handlungssicherheit.

Dritter Impuls:
Nur gemeinsam erreichen wir
das nächste Level
Der Schlüssel für eine patientenzentrierte Versorgung ist Zusammenarbeit. Der Gesundheitssektor ist nicht der nächste „The-winner-takes-it-all"-Markt der Plattformökonomie. Im Gegenteil: Die nachholende digitale Transformation des Gesundheitssektors kann Vorbild für ein vielfältig wachsendes Ökosystem sein. In der Gesundheitsversorgung haben Geschäftsmodelle keinen Platz, in denen wir Informationen einsperren, statt sie sinnvoll zu verknüpfen. Sonst verlieren am Ende alle.

In der Forschung brauchen wir mehr Public Private Partnerships. Die Entwicklung des weltweit ersten Ebola-Impfstoffes war ein großer Schritt, um tödliche Ausbrüche dieser Epidemie zu bekämpfen. Dass es so schnell gelingen konnte, verdanken wir der Zusammenarbeit von Wissenschaft, Industrie, staatlichen Institutionen und internationalen Organisationen. Heute produzieren wir in Deutschland den Ebola-Impfstoff für die ganze Welt. Mit Partnerschaften zwischen akademischer Forschung und forschenden Unternehmen, ergänzt um Tech-Start-ups, können wir Meilensteine setzen für ein längeres (Über-)Leben und eine bessere Lebensqualität. Wenn wir unsere Kompetenzen in Datengenerierung, App-Entwicklung und Künstlicher Intelligenz, Studien und Zulassung bündeln, können wir Gesundheitslösungen effektiver entwickeln und verfügbar machen.

Ein weiterer Aspekt der Datennutzung ist mir noch sehr wichtig: Jede Künstliche Intelligenz kann nur so gut sein wie die Lerndaten, mit denen sie trainiert wird. Wenn die Daten einen Bias haben, also nicht repräsentativ erhoben, unsauber strukturiert sind oder Vorurteile der Erfassenden reproduzieren, kann das zu unbemerkten Fehlentscheidungen führen. Die Menschheit ist vielfältig und jeder Mensch muss gesehen werden. Tatsächlich aber erkennen heute alle Gesichtserkennungsprogramme Frauen viel schlechter als Männer. Und habe ich eine nicht weiße Hautfarbe, führt dies nochmal zu signifikant schlechteren Ergebnissen. Warum? Weil die Algorithmen mit einseitigen Daten gefüttert werden. ▸

Das zeigt: Wir brauchen transparente Lerndaten und müssen sie weltweit zusammenführen.

Die gemeinsame Mission: Mehr Gesundheit durch Digitalisierung

Die Zukunft der Gesundheit ist digital. Wir können das digitale Upgrade für unser Gesundheitswesen nicht nur von den Politiker:innen erwarten. Digitalisierung braucht einen Kulturwandel: Die Daten kommen von den Patient:innen und müssen zu ihnen zurückfließen – als Therapieinnovationen und Versorgungsangebote. Wir müssen Versorgung und Forschung neu vernetzen, um unsere Lebenszeit zu verlängern und die Lebensqualität zu verbessern. Gehen wir den nächsten Schritt zu einem agilen, lernenden Gesundheitssystem, in dem wir den einzelnen Menschen mit seinen Bedürfnissen in den Mittelpunkt rücken. Ein Gesundheitssystem, in dem wir Daten gemeinsam nutzen und Wissen für die Innovationen von morgen schaffen. ■

Top 3

1 In den letzten 100 Jahren haben wir in Deutschland mehr als 30 Jahre Lebenszeit gewonnen. Die Digitalisierung kann hier nochmals einen Schub bewirken.

2 Mit digitalen Anwendungen können Patient:innen ihre Gesundheit selbst managen und an der Prävention oder Behandlung bestimmter Erkrankungen mitwirken – mit Daten, die sie selbst erheben. Patientensicherheit stärken wir durch den aktiven Einbezug in die Behandlung.

CHANTAL
FRIEBERTSHÄUSER

3

Intelligente Datennutzung ist der Kern der Medizin von morgen. Mit maschinellem Lernen wollen wir erwartbare Nebenwirkungen früh erkennen. Ziel einer vorbeugenden Medizin ist, **Krankheitsbilder** zu bemerken und deren **Fortschreiten vorherzusagen**, bevor Symptome wahrnehmbar sind. Voraussetzungen hierfür sind **verknüpfbare Datenbanken**, sichere Übertragungswege und praxistaugliche Datenschutzkonzepte – europaweit.

Mit Partnerschaften zwischen akademischer Forschung, forschenden Unternehmen und Tech-Start-ups können wir Meilensteine setzen für ein längeres (Über-)Leben und eine bessere Lebensqualität. Wenn wir unsere Kompetenzen in Datengenerierung, App-Entwicklung und **Künstlicher Intelligenz**, Studien und Zulassung bündeln, können wir Gesundheitslösungen effektiver entwickeln. **Digitalisierung braucht einen Kulturwandel**: Die Daten kommen von den Patient:innen und müssen zu ihnen zurückfließen – als Therapieinnovationen und Versorgungsangebote.

Takeaways

Adieu gute
alte Kampagne –

— Hallo neue Kommunikationswelt

Florian Haller ist Inhaber und CEO der Serviceplan Group, der größten unabhängigen, partnergeführten Agenturgruppe Europas. Zuvor arbeitete er bei Procter & Gamble als Brand Manager. Haller trieb die Umsetzung einer Digitalstrategie maßgeblich voran und fokussierte sich auf die globale Expansion der Agenturgruppe mit Hauptsitz in München. Die Vorteile der Digitalisierung liegen für ihn klar auf der Hand. Doch die menschliche Kreativität, so fordert er, dürfe dadurch nicht ins Hintertreffen geraten.

Die Zeiten haben sich geändert. Das müssen auch Kommunikatoren wie ich erkennen, die gemeinhin glauben, stets vor dem Trend zu segeln. Früher haben wir mit langen Vorläufen Jahreskampagnen entworfen, begleitet von Marktforschung und endlosen Briefing-Schleifen. Dann haben wir sie starr und konsequent umgesetzt, exakt so wie vorher geplant und vom Mindset eher von ▶

innen nach außen, vom Unternehmen hinein in den Markt (inside-out). Heute ist der Blickwinkel ein anderer und folglich muss es auch die Herangehensweise sein: Marketing geht ganz elementar von den Konsument:innen aus, also von außen nach innen, vom Markt in die Unternehmen (outside-in). Marketing soll die Menschen in ihrem richtigen Leben mit den richtigen Botschaften zur richtigen Zeit am richtigen Ort erreichen.

Vor diesem Hintergrund kreieren wir heute einige unwiderstehliche sogenannte Atomic Assets (im Sinne modularer Basisinhalte) und steuern daraus dann flexible Kampagnenbausteine aus, die individuell und datenbasiert an die Konsument:innen gehen. Alles ist individualisiert, in Echtzeit, gestrafft und im Idealfall stringent entlang der Customer Journey. Entscheidungen fallen datenbasiert am Dashboard, nicht mehr in dreistündigen Klausuren mit dem Vorstand.

Warum machen wir das heute so? Weil wir in einer Welt leben, die immer komplizierter wird und immer weniger Halt gibt. Man hat ihr den Namen VUCA-Welt gegeben: Wir erleben sie als wechselhaft (volatile), unsicher (uncertain), komplex (complex) und vielschichtig (ambiguous). Sie manifestiert sich nicht zuletzt in einer radikalen und noch andauernden Änderung der Medienlandschaft. Die Zahl der Online-Plattformen und Kontaktpunkte ist sprunghaft gewachsen, die Zahl digitaler Kundenkontakte, der sogenannten Touchpoints, geradezu explodiert. Täglich wird jeder einzelne Mensch mit 3.000 bis 5.000 Werbebotschaften überschüttet – und ist damit naturgemäß überfordert. Um aus dieser Fülle hervorzustechen, wird die individuelle Ansprache zum Muss. Denn: Der Flaschenhals ist mitnichten mehr der Übertragungsweg, der früher vielleicht einer von wenigen Werbeslots im TV oder eine Plakatwand am Straßenrand war, sondern die Aufmerksamkeit und die Zeit der Konsument:innen, in einer Welt der vollumfänglichen Erreichbarkeit, Verfügbarkeit und der grenzenlosen Optionen.

Dazu kommt, dass sich die Markenloyalität auf einem Tiefpunkt befindet. Sie beträgt im Mittel nur noch 40 Prozent – 1989 lag sie noch bei 71 Prozent. Noch nie war die Lust auf den Markenwechsel so groß wie heute [8].

Unternehmen brauchen also ein VUCA-Marketing, mit dem sie in dieser Welt erfolgreich sein können. Damit nicht genug: Jeder Mensch will zudem als Individuum wertgeschätzt werden, das selbstbestimmt agiert, seine Vorlieben und Leidenschaften pflegt. Diese Economy of Passion landet als weitere Herausforderung im Pflichtenheft. Digital, schnell, direkt, nachhaltig, gesund und authentisch – so soll Marketing daher heute sein. Aber wie begegnen wir diesen neuen Gesetzmäßigkeiten? Indem wir drei Chancen nutzen und ein Risiko vermeiden. *(Abb. 1)*

Chance 1: Der Mensch wird messbar

Das Gute an der Digitalisierung ist: Sie fordert uns nicht nur heraus, sondern gibt uns zugleich jene Werkzeuge an die Hand, mit denen wir die neue Marketingwelt erobern können. Früher waren Unternehmen abhängig von konventionellen Marktforschungsmethoden wie Umfragen, mit denen statistische Wahrscheinlichkeiten ermittelt wurden. Die hinterließen stets ein gewisses Maß an Unsicherheit: Bilden die gewonnenen Informationen tatsächlich die Realität ab? Sind die Ergebnisse aktuell genug? Heute profitieren wir dank Big Data und Künstlicher Intelligenz von detaillierten, aktuellen Verbraucherprofilen. Sie zeigen deutlich besser, verlässlicher und tiefgründiger auf, was den Konsument:innen tatsächlich wichtig ist.

Diese Entwicklung ist ein großes Geschenk – nicht nur für das Marketing. Dank dieser Daten sehen wir heute klarer und können zielgerichteter und unterm Strich ressourceneffizienter arbeiten, Menschen effektiver ansprechen. Sie zeigen uns, wie Menschen denken, handeln und konsumieren. Sie bilden die Grundlage für jene agile Kreativität, die in der VUCA-Welt nötig ist. ▶

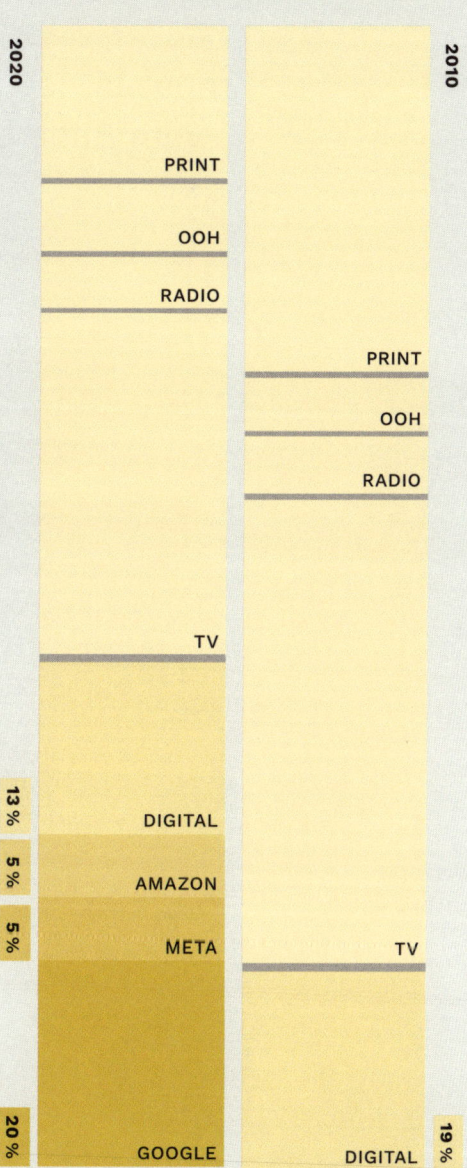

WACHSTUM DER PLATTFORMEN

2020

PRINT
OOH
RADIO

TV

13 % DIGITAL
5 % AMAZON
5 % META

20 % GOOGLE

2010

PRINT
OOH
RADIO

TV

19 % DIGITAL

Abb. 1: Das Zeitalter der Massenmedien war vergleichsweise gemütlich – heute leben wir in der Economy of Passion, in der Menschen individuell unterstützt werden wollen.

Kreative Planung & Produktion

müssen neu gedacht werden.
Vom Ende bis zum Anfang.

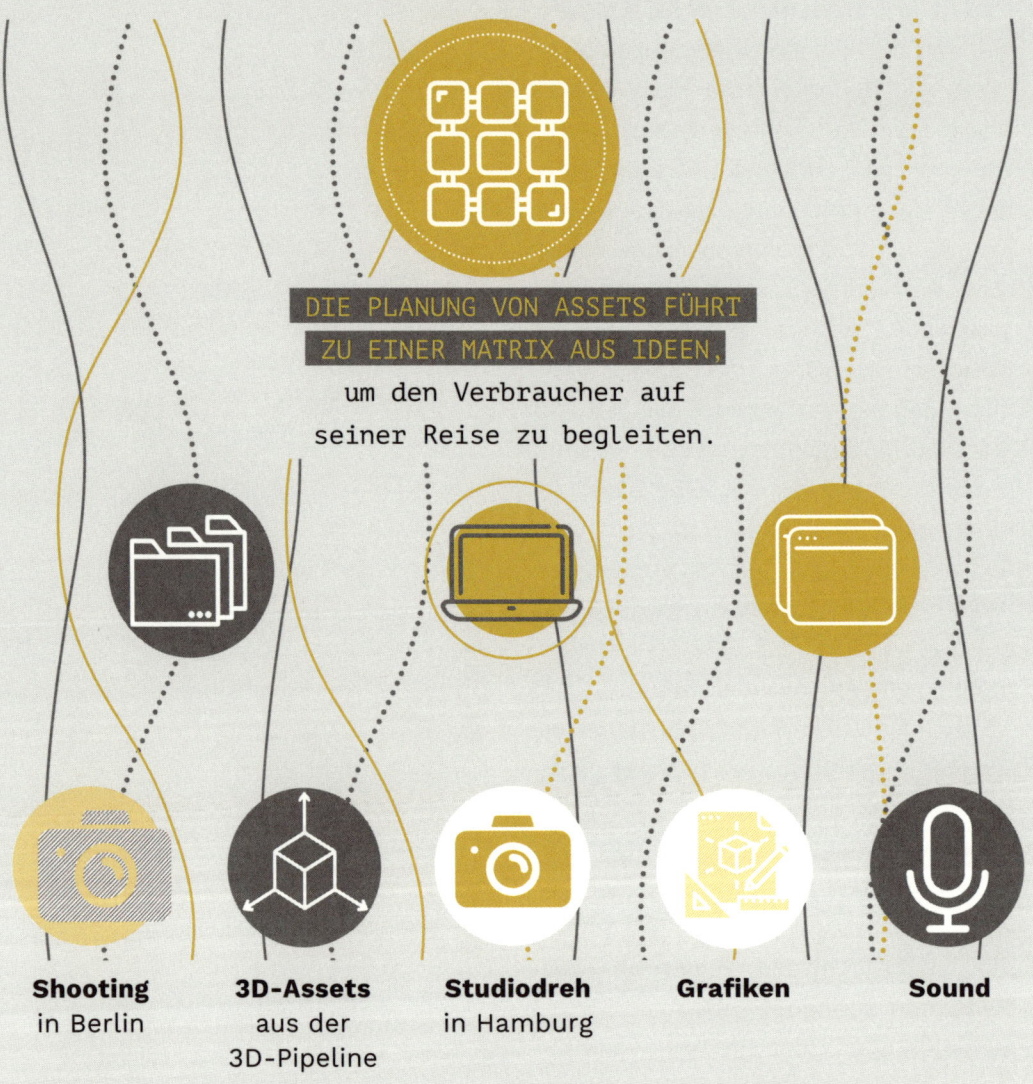

DIE PLANUNG VON ASSETS FÜHRT
ZU EINER MATRIX AUS IDEEN,

um den Verbraucher auf
seiner Reise zu begleiten.

Shooting
in Berlin

3D-Assets
aus der
3D-Pipeline

Studiodreh
in Hamburg

Grafiken

Sound

Abb. 2: In Zukunft müssen wir Konsument:innen einzeln ansprechen – und das in Massen. Diese neue Art der Massenkommunikation wird vom Start weg modular konzipiert und produziert.

Chance 2: Kommunikation wird genereller und individueller zugleich

Wir entfernen uns von der Massenkommunikation (one-to-many). An ihre Stelle tritt aber nicht allein eine Individualkommunikation (one-to-one). Vielmehr erleben wir einen Shift hin zu einer Kombination der beiden: one-to-manyones. Damit ist gemeint: Wir sprechen Einzelne in unterschiedlichen Medien mit individualisierten Botschaften an, erreichen so aber dennoch in der Gesamtheit die Masse. Das One-to-manyones-Prinzip wird noch weitreichende Auswirkungen haben. Was das für die Konzeption und Produktion von Werbeinhalten bedeutet, sieht man in Abbildung 2.

Klar, diese neue Herangehensweise bedeutet zu Beginn eine Menge Arbeit für Kommunikationsagenturen. Dazu müssen etwa 40 Prozent mehr Kreativinhalte, genannt Assets, produziert und kombiniert werden, so schätzt meine Kollegin Barbara Evans (Geschäftsführerin der Agentur Mediaplus)[9]. Aber: Sobald das geschafft ist, fallen die Kosten um 30 Prozent. Und der zeitliche Aufwand halbiert sich[10].

Chance 3: Daten sind Wissen – das Marketing gewinnt an Macht

Das neue Daten-Know-how des Marketings birgt jede Menge Machtpotenzial. Denn es ist auch für andere Businessbereiche interessant. Management, Vertrieb oder Produktion könnten dank dieser Datenanalysen zielgenauere Entscheidungen treffen. Die Marketingverantwortlichen gewinnen damit eine gute Verhandlungsbasis, wenn es um Budgetierung und Justierung der Machtverhältnisse im Unternehmen geht. Sie müssen allerdings dann auch mehr Verantwortung tragen. Etliche Chief Marketing Officers (CMOs) haben das bereits erkannt: Laut unserem CMO Barometer 2022 – einer jährlichen Befragung von mehr als 300 Entscheider:innen aus Marketing und Kommunikation – betrachtet jede bzw. jeder Zweite die Entwicklung neuer Geschäftsmodelle als ihre bzw. seine Aufgabe.

Das Risiko:
Das Marketing überschätzt sich

Die individualisierte Ansprache an Menschen ist eine großartige Möglichkeit – und sicherlich der richtige Weg in die Zukunft. Dennoch birgt die Digitalisierung auch Gefahren. Denn die reine Fixierung auf Daten und Technologien ist an sich nutzlos. Sie führt nicht zu einer gesteigerten Kundenzufriedenheit. Der Mensch ist kein Algorithmus. Er ist ein unstetes, komplexes Wesen, das auch emotional angesprochen werden will. Wir benötigen daher nicht nur Effizienz, sondern auch eine Tiefe, Hintergründigkeit im Kontakt. Anders gesagt: Ehrlichkeit – wer heute ein Versprechen abgibt, muss es auch halten. Und wir benötigen klare Ziele, gesunden ▸

Menschenverstand für eine clevere Dateninterpretation, dazu reichlich Kreativität und Fantasie. Nur dann gelingt der Perspektivwechsel auf Konsument:innen und deren Bedürfnisse, auf das, was wir Customer Centricity nennen.

Was das neue Marketing ausmacht

Wir sind die, die es schaffen müssen, Marken in die Herzen der Menschen zu bringen. Früher genügten dafür Kreativität und ein Gespür für Trends. Dazu gesellen sich heute zwei weitere Dimensionen des Marketings: Verständnis für Innovation und Technologie sowie das verantwortungsvolle Aggregieren und zielgerichtete Auswerten von Daten in Verbindung mit dem intelligenten Ziehen von Schlüssen. Wer die drei Eckpfeiler Kreativität, Technik und Daten verbindet, meistert aus meiner Sicht die digitale Transformation im Marketing.

Agenturen müssen daher zu Creative Consultancies werden, die Kreativität, Daten und Technologie ausgewogen kombinieren. Denn nur dann entsteht jener Sog, der Menschen anzieht. Wir bei der Serviceplan Group nennen diese übergeordnete Kraft „Über-Creativity". Sie formt sich, wenn unterschiedliche Kompetenzen vereint werden, um Ideen auf ein neues kreatives Niveau zu heben.

Im Mittelpunkt muss dabei jedoch die Marke stehen, sie muss als übergeordnete Klammer überall erkennbar sein. Die unzähligen Kontaktpunkte, über die wir kommunizieren, machen Branding wichtiger denn je. So rückt echte, substanzielle Markenarbeit wieder in den Fokus. *(Abb. 3)*

Auch aus Verbrauchersicht ist das ein spannender Aspekt, denn in der Coronakrise haben die Konsument:innen ihr Einkaufsverhalten spürbar und nachhaltig geändert. Vor allem sind sie ungeduldiger geworden. Mehr als die Hälfte (57 Prozent) geben einer Marke nur eine einzige Chance. Wenn sie nicht sofort überzeugt, fliegt sie raus aus dem sogenannten Relevant Set – so unsere hauseigene Studie zur 28. Markenroadshow aus dem Jahr 2021.

Für Unternehmen bedeutet dies, dass sie extrem vernetzt und kontextbezogen agieren müssen, um sich in der künftigen Marketingwelt zurechtzufinden. Das gilt auch für die Zusammenarbeit mit Agenturen. Um in der komplexen VUCA-Welt zurechtzukommen, werden diese als vollwertige, kompetente und vertrauenswürdige Partner gebraucht.

Gemeinsam müssen wir Marketing, Kreation und Media neu denken. Aus diesem Grund entstehen immer mehr Customized Agencies – exklusive, maßgeschneiderte Agenturkonzepte, die Werbetreibende mit ihrer Leadagentur ganz nach ihren kommunikativen Bedürfnissen gründen und aufbauen. Solche Agenturen packen disziplinübergreifend, integriert und international ▶

Heute haben wir viel mehr Möglichkeiten,
mit einzelnen Konsument:innen in Verbindung
zu treten. Das bedeutet, dass mehr Assets
produziert werden müssen.

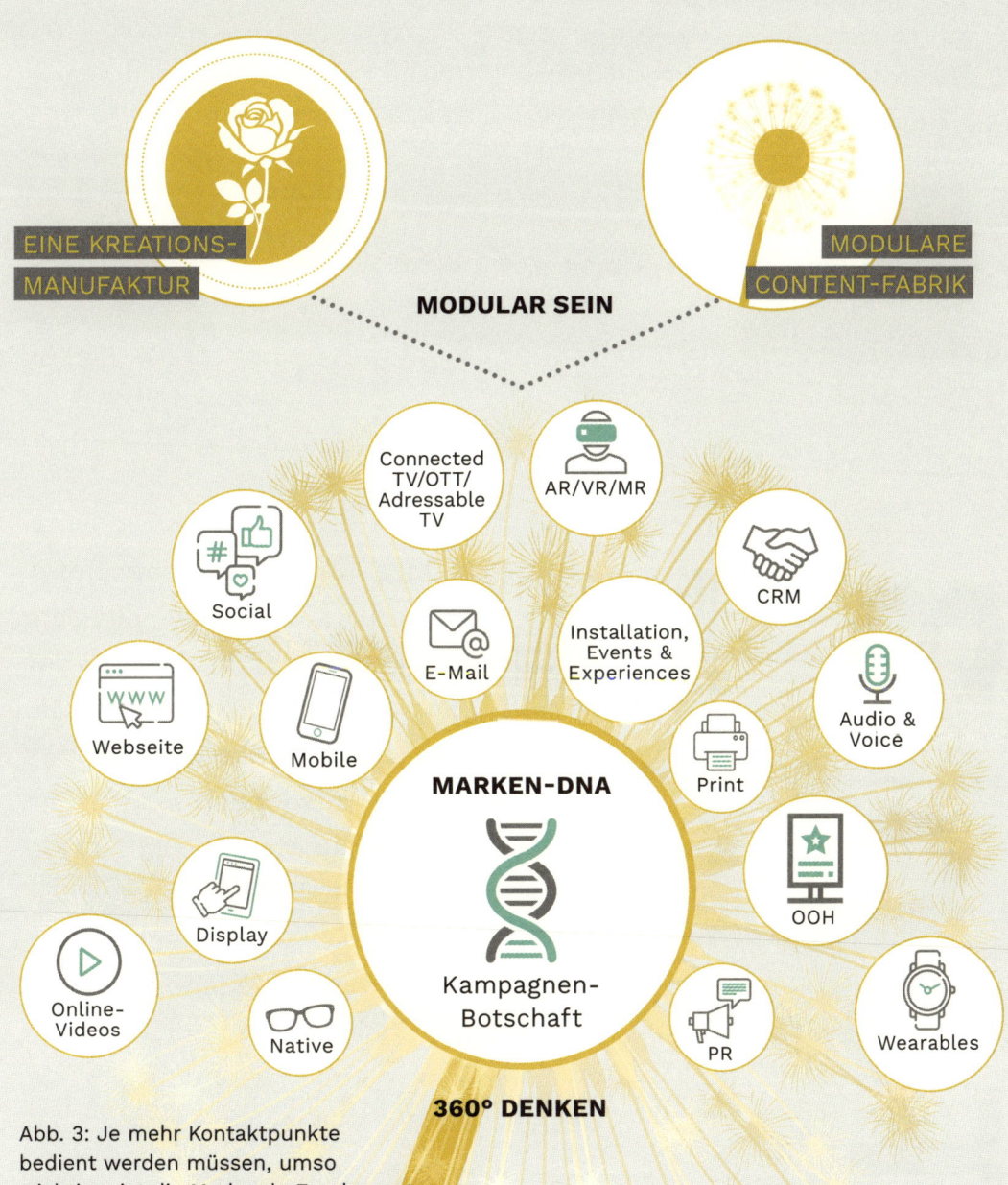

EINE KREATIONS-MANUFAKTUR

MODULARE CONTENT-FABRIK

MODULAR SEIN

Connected TV/OTT/ Adressable TV

AR/VR/MR

Social

CRM

E-Mail

Installation, Events & Experiences

Webseite

Mobile

Audio & Voice

Print

MARKEN-DNA

OOH

Display

Kampagnen-Botschaft

Online-Videos

Native

PR

Wearables

360° DENKEN

Abb. 3: Je mehr Kontaktpunkte
bedient werden müssen, umso
wichtiger ist die Marke als Fundament.

mit an. Die BMW Group etwa beschreibt ihre Agentur The Marcom Engine als „Höchstleistungsmaschine", mit der sie eine individualisierte Kundenansprache über alle Touchpoints und 26 Länder hinweg managen will.

Modernes Marketing kann im ganzen Unternehmen großartige Hilfe leisten, von der ersten Produktidee bis zum Wiederkauf, bei End-to-end-Prozessen, im E-Commerce oder bei der Individualisierung von Produkten. Marketing kann gestalten, Marketing kann bewerten, Marketing kann skalieren. Es ist jene Abteilung, ohne deren Wissen Unternehmen bald keine Chance mehr haben. Daraus ergibt sich eine strukturelle Konsequenz: Damit alle im Unternehmen vom wertvollen Konsumentenverständnis und Marktwissen des Marketings profitieren, gehört es mit an die Spitze.

Zu diesem Schritt gehören Mut, Offenheit und Beweglichkeit. Aber es wird sich lohnen. Denn dann kommen nicht nur die richtigen Botschaften zum richtigen Zeitpunkt im richtigen Leben der Menschen an. Dann greifen diese Menschen auch weiterhin zu den richtigen Produkten und Services. ∎

Top 3

1

Dank Big Data und Künstlicher Intelligenz profitieren wir heute alle von **detaillierten Einblicken** in das Verhalten von Konsument:innen. Wir finden verlässlicher und punktgenauer heraus, was ihnen tatsächlich wichtig ist, und ermöglichen uns einen Shift in der Ansprache hin zu **„one-to-manyones"**. Damit ist gemeint: Wir sprechen Einzelne in den verschiedenen Medien mit **individualisierten Botschaften** an, erreichen so aber dennoch in der Gesamtheit die Masse.

2

Das neue **Daten-Know-how** des Marketings ist auch für andere Businessbereiche wie Management, Vertrieb oder Produktion interessant. Und gleichzeitig ist die reine Fixierung auf Daten und Technologien nutzlos. Echte **Customer Centricity** braucht klare Ziele, gesunden Menschenverstand für eine **clevere Dateninterpretation**, dazu reichlich Kreativität, Fantasie und Emotionen.

3

Agenturen werden zu **Creative Consultancies**, die Kreativität, Daten und Technologie ausgewogen kombinieren. Denn nur dann entsteht jener Sog, der Menschen anzieht. Gemeinsam müssen wir Marketing, Kreation und Media neu denken. So entstehen immer mehr **Customized Agencies**, die disziplinübergreifend, **integriert und international** mit anpacken.

Takeaways

Fortschritt,
Anerkennung

und **Erfolg** –
der Weg in die
1,5 **Grad-Konformität**

Hannah Helmke ist Gründerin von right. based on science, einem ClimateTech, das wissenschaftsbasierte Metriken und Softwarelösungen entwickelt, mit denen Unternehmen ihren Beitrag zur globalen Erwärmung messen und steuern können. Zuvor arbeitete sie für den IT-Dienstleister BridgingIT und die Deutsche Post DHL. Helmke glaubt fest an eine wissenschaftliche Herangehensweise, um damit eine nachhaltige Unternehmensentwicklung sicherzustellen. 2020 wurde ihr der Digital Female Leader Award in der Kategorie Sustainability und 2021 der AmCham Female Founders Award verliehen. Ihr Unternehmen wurde mit dem Next Economy Award 2020 ausgezeichnet.

„Die Datenlage ist zu schlecht" gehört zu den beliebtesten Antworten auf die Frage, warum Unternehmen ihre Strategien immer noch nicht nachweisbar auf einen 1,5 Grad-Klimakurs ausgerichtet haben. Dabei ist längst klar, dass es sich im Fahrwasser des Pariser Klimaziels sicherer wirtschaften lässt. An der Erkenntnis, dass ▸

> **"Die Konse-quenzen des Klimawandels werden uns zunehmend durch die Gnadenlosigkeit verheerender Wetterereignisse vor Augen geführt.**

Klimarisiko zugleich auch Finanzrisiko ist, zweifelt mittlerweile niemand mehr. Zur Veranschaulichung mag trotzdem erwähnt sein, dass die globale Kohlenstoffblase [11] inzwischen einen Wert von 22 Billionen US-Dollar erreicht hat [12]. Rund 75 Prozent der fossilen Brennstoffe, die aktuell im Markt eingepreist sind, dürfen künftig nicht mehr verbrannt werden, wenn das Ziel eingehalten werden soll, die Erderwärmung nicht über 1,5 Grad Celsius hochzutreiben [13].

Wer also die schlechte Verfügbarkeit klimabezogener Daten vorschiebt, hat den Klimawandel nicht als das zentrale Thema für Fortschritt, Anerkennung und Erfolg verinnerlicht, das er ist. Stellen wir aber drei einfache Fragen: Wer wird in Zukunft noch für ein Unternehmen arbeiten wollen, das auf einem 3 Grad-Klimakurs ist? Wer wird Produkte und Services einer 3 Grad-Firma kaufen? Wer wird ein 3 Grad-Unternehmen finanzieren wollen? Wer sich diese einfachen, aber unbequemen Fragen stellt, wird erkennen, wie entscheidend der Klimawandel und die Klimawirkung eines Unternehmens für dessen Zukunftsfähigkeit sind, und sich mit vermeintlich schlechten Datenlagen nicht zufriedengeben.

Klimatransformation geht nur mit Digitalisierung

Die Konsequenzen des Klimawandels werden uns zunehmend durch die Gnadenlosigkeit verheerender Wetterereignisse vor Augen geführt – und das längst nicht mehr nur im Globalen Süden. Um dieser Entwicklung etwas entgegenzusetzen, müssen insbesondere Unternehmen – die großen Emittenten – einen fundamentalen Wandel vollziehen. Aber wie können wir diese Transformation und damit einhergehend den Beitrag eines einzelnen Unternehmens zur für das 1,5 Grad-Ziel erforderlichen Dekarbonisierung greifbar machen? Wie können Unternehmen in eine aktive, zielgerichtete Steuerung kommen? Das erfordert innovative, digitale, vernetzte Lösungen. Und es erfordert transparente, verlässliche Metriken.

Denn ohne Transparenz über die aktuelle Klimawirkung ist es unmöglich, die unternehmenseigene Klimatransformation planbar und gestaltbar zu machen. Nur digitale Lösungen können die detaillierte und bestenfalls tagesaktuelle Erhebung und Analyse klimarelevanter Daten im Betrieb ermöglichen, die bisher fast flächendeckend fehlt. Stattdessen wird der wichtigste klimabezogene Rohdatenpunkt eines Unternehmens, der Treibhausgasausstoß gemessen in CO_2e (CO_2-Äquivalenten), meist noch immer mit manuellen und dezentralen Systemen – und damit zeitverzögert, fehleranfällig und unvollständig – erhoben. Die Excel-Tabelle lässt grüßen!

Und mit dieser Rohdatensammlung ist es längst nicht getan. Entscheidend sind nicht Tonnen CO_2e, sondern deren Wirkung in der Atmosphäre. Nicht ohne Grund ist das Pariser Klimaziel in Grad Celsius ausgedrückt. Deshalb bin ich überzeugt, dass wir auch den Beitrag eines Unternehmens zum Klimawandel und zur Klimatransformation in Grad Celsius messen sollten. Das lässt sich machen, indem Daten zum globalen Klimawandel und der Wirtschaft verschnitten werden mit klimarelevanten Daten des Unternehmens (Emissionsausstoß) sowie dessen wirtschaftlicher Leistung (Wertschöpfung). Von hier aus kann das Ganze weiter heruntergebrochen werden, etwa auf einzelne Divisionen oder Maßnahmen eines Unternehmens.

Und diese Granularität braucht es auch, denn bei der Klimatransformation ist nicht – wie heute so oft angenommen – die Klimaneutralität im Jahr 20XX zentral, sondern die Geschwindigkeit der Emissionsreduktion bis zu diesem Zeitpunkt. Klar ist: Für die Begrenzung der Erderwärmung auf 1,5 Grad Celsius darf nur noch eine Menge von rund 400 Gigatonnen an Treibhausgasen in die Atmosphäre gelangen. Dieses sogenannte Emissionsbudget muss auf dem Weg zur Klimaneutralität eingehalten werden. Ein Unternehmen kann im Jahr 2050 klimaneutral sein, aber sein anteiliges Emissionsbudget auf dem Weg dorthin derart überschreiten, dass es ein 4 Grad-Unternehmen bleibt. Das heißt: Wenn die ganze Welt genauso agieren würde wie diese Firma, hätten wir es mit 4 Grad Celsius Erderwärmung zu tun. Klimaneutralität hin oder her. *(Abb. 4)*

Damit wird deutlich: Eine 1,5 Grad-konforme Klimastrategie und wissenschaftsbasierte Ziele zu definieren ist das eine. Doch eingehalten werden kann dieses Emissionsbudget nur dann, wenn Investitionen oder Produktentwicklungen kontinuierlich auf ihre Vereinbarkeit mit diesem Ziel überprüft werden. ▸

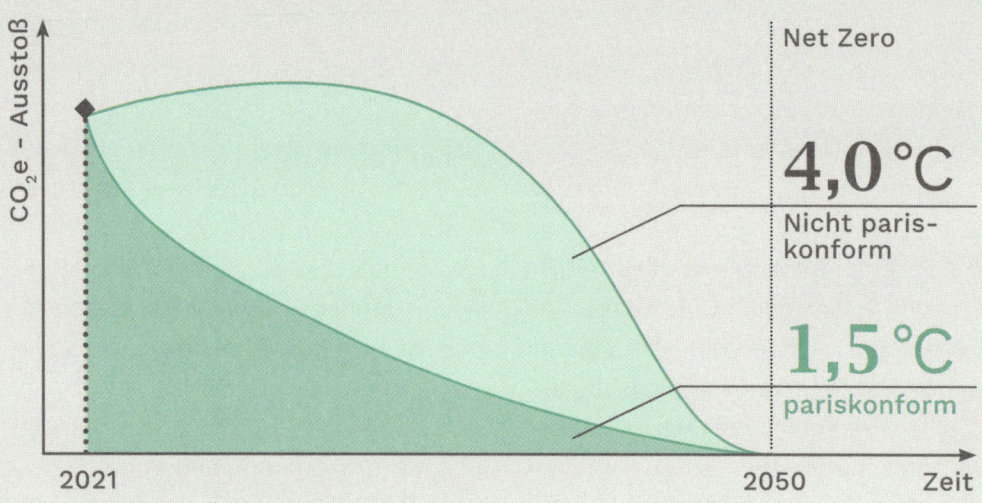

Abb. 4: Net Zero vs. 1,5 °C-Konformität

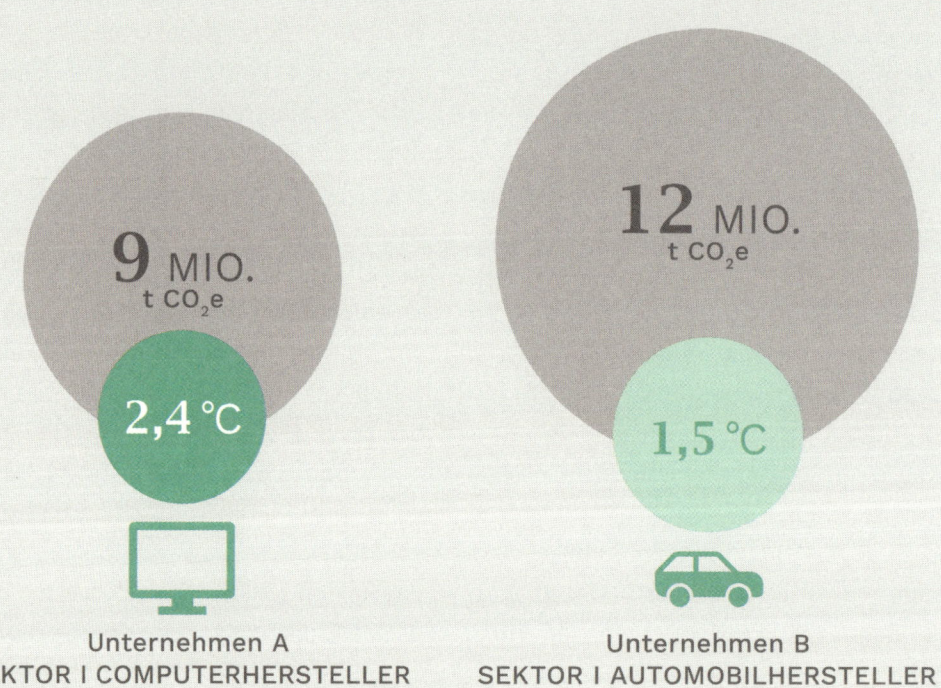

Abb. 5: Carbon Footprint (t CO_2 e) vs. Grad-Konformität

Ein Beispiel: Ein Industrieunternehmen plant den Bau eines neuen Kraftwerks. In der rein wirtschaftlichen Betrachtung nach Internal Rate of Return (IRR) oder Return on Investment (ROI) scheint eine Erdgasanlage am attraktivsten. Wird allerdings ergänzend auch die Klimawirkung der Anlage betrachtet – und zwar in Relation zu ihrer Wertschöpfung – dann wird schnell klar: Mit einer Investition in die Erdgasanlage würde man gegen die eigenen Klimaziele arbeiten und sich damit auf lange Sicht wirtschaftlich selbst schaden. Den wirtschaftlichen Kennziffern muss deshalb eine Klimakennziffer zur Seite gestellt werden.

Ähnlich wie andere Leistungskennzahlen muss auch dieser Wert über alle Unternehmensbereiche und -systeme hinweg integriert werden. Nur so können alle Stakeholder in den klimakonformen Wandel einbezogen werden und ihren Teil dazu beitragen. Das ist komplex und mit Aufwand verbunden und funktioniert nur mit digitalen Lösungen. Demgegenüber steht allerdings ein enormer Mehrwert. Schon jetzt fragen Mitarbeitende, Talente, Investor:innen und Kund:innen kritisch nach: Sag, ▸

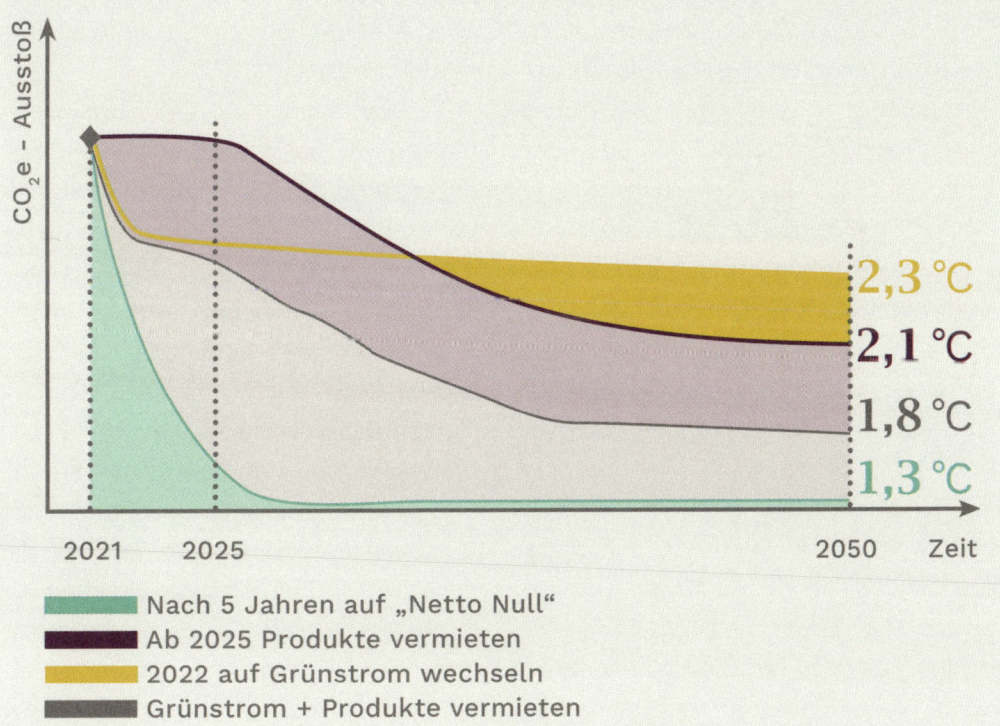

Abb. 6: Verschiedene Klimastrategien im Vergleich

wie hältst du's mit dem Klima? Klimastrategie ist Digitalstrategie ist Überlebensstrategie.

Vor diesem Hintergrund ist der Status Quo erschütternd: Zu viele Entscheider:innen steuern immer noch im Blindflug mit manuell befüllten Tabellen und zaghaft graduellen Klimaschutzplänen in Richtung Zukunft. Klimaversprechen nach außen passen mit dem Professionalisierungsgrad der internen Steuerungssysteme oft nicht ansatzweise zusammen. Die Konsequenz: Beachtliche Finanz-, Haftungs- und Reputationsrisiken bauen sich auf. *(Abb. 5)*

Aus Greifbarkeit wird Handlungsdruck

Eine Klimakennziffer muss aber noch etwas anderes erfüllen als ein reiner wirtschaftlicher Indikator: Sie muss zum Handeln motivieren, aus der Erstarrung und Überforderung herausführen, Chancen aufzeigen.

Meine Erfahrung aus zahlreichen Gesprächen mit Entscheidungstragenden ist, dass die Aussage: „Sie führen derzeit ein 4 Grad Celsius-Unternehmen" erst mal schockiert. Oft ist der nächste Impuls die Verteidigung: Methode und Daten anzweifeln, die umgesetzten und geplanten Maßnahmen aufzählen. Aber nach dieser ersten Abwehr tut sich etwas: Man fängt an, in Szenarien zu denken, Ideen zu entwickeln. „Was wäre denn, wenn wir schon fünf Jahre früher auf Netto Null kommen? Was, wenn

wir vollständig auf Grünstrom wechseln? Was, wenn wir unsere Produkte nicht mehr verkaufen, sondern vermieten?". Mit Softwarelösungen können solche Optionen dynamisch durchgeprüft und verglichen werden. Zugleich wird damit schnell deutlich, wo die großen Hebel sind, was als Maßnahme wirksam ist und was nicht. Die Einfachheit und Greifbarkeit einer Gradzahl packt Unternehmensführer:innen bei der Ehre. Und genau diesen Ehrgeiz brauchen wir, wenn wir diese Klimatransformation schaffen wollen. *(Abb. 6)*

Hier hat die Digitalisierung eine entscheidende Rolle: Sie kann die projektbasierte Kollaboration und Vernetzung ermöglichen, die für die Transformation nötig ist.

Was heißt das ganz praktisch? Bleiben wir beim Beispiel des Industriekonzerns, der ein neues Kraftwerk bauen möchte: Ist die Entscheidung für eine Anlage gefallen, die den 1,5 Grad-konformen Umbau des Unternehmens voranbringt, anstatt ihn zu behindern, muss diese auch finanziert werden. Nutzen Banken und Investoren die gleiche Methodik, um damit ihre Kredit- und Investmentportfolios entlang des 1,5 Grad-Ziels zu steuern, werden die Synergien schnell sichtbar. Nehmen wir jetzt noch an, dass auch die regionale Verwaltung mit diesem System arbeitet und in ihre Genehmigungs- oder Subventionsentscheidungen einbezieht, dass sich Zulieferer über eine digitale Plattform um den Auftrag bewerben können, auf welcher nicht nur der Preis, sondern auch die Klimawirkung entscheidet.

Die Kraft der Digitalisierung kann hier nicht nur vernetzen, sondern auch motivieren und mobilisieren. Indem etwa im vorgenannten Beispiel für alle Seiten die positive Wirksamkeit ihrer Zusammenarbeit sichtbar und – das ist nicht zu vernachlässigen – einfach kommunizierbar wird.

Die Rolle von Entrepreneurship

Für mich ist klar, dass das größte Potenzial für die Klimatransformation in genau solchen Netzwerken liegt. Zusammenschlüsse über Branchen und Grenzen hinweg, die aus dem Klimarisiko eine Klimachance machen. Teil dieser Netzwerke und Lösungen sollten unbedingt junge, digitale, kreative, innovative Unternehmen sein. Jetzt ist die große Chance für eine Form von Entrepreneurship, welche kommerziellen Erfolg mit einem positiven Einfluss verbindet. Die Königsdisziplin für sogenannte Impact Start-ups ist die Entwicklung von Lösungen, die doppelt skalieren: technisch (und damit kommerziell) und wirkungsbezogen. Doch um den Weg für diese Skalierung zu ebnen, muss sich noch einiges tun:

→ Entrepreneurship sollte als Ökosystem verstanden werden, in dem Innovation als Dienstleistung für eine gesunde Wirtschaft entsteht. Entsprechend sollte Unternehmertum als wichtiger Teil unserer Wirtschaft und unserer Zukunftsfähigkeit wertgeschätzt werden. So hätten beispielsweise die Coronahilfen in Teilen an die Zusammenarbeit mit jungen Unternehmen gekoppelt werden können, um die Bedeutung von Entrepreneurship für den Wirtschaftsstandort Deutschland zu festigen.

→ Um die Kollaboration und Co-Kreation zwischen jungen und etablierten Unternehmen zu erleichtern, müssen bürokratische Hürden abgebaut werden. Wir machen sehr gute Erfahrungen mit strategischen Partnerschaften: Hier sind zwar Ziele definiert, aber wir arbeiten gemeinsam agil an dem, was sich jeweils aus dem letzten Schritt ergibt. Das schafft Offenheit für neue Richtungen und Ziele. Der große Vorteil: Angebot, Kostenschätzung und so weiter können relativ einfach bleiben. Für kleine und junge Unternehmen sind die Anforderungen klassischer Ausschreibungen schlicht zu hoch. ▸

→ Konzerne und arrivierte Unternehmen tun gut daran, Start-ups nicht als bloßes Innovations-Gimmick oder als Ergänzung der Unternehmenslandschaft zu verstehen, sondern ihnen auf Augenhöhe zu begegnen. Wer das nicht tut, lässt wertvolle Chancen liegen.

→ Mit Veränderungen im Rahmen des bisher Üblichen kommen wir in der Klimatransformation nicht mehr hin. Dank der Skalierbarkeit digitaler Lösungen und der Innovationskraft von Impact Start-ups wird radikaler Wandel möglich. Und darin liegt enormes Potenzial.

Je mehr die Wirtschaft den Klimawandel nicht nur als existenziell bedrohlich begreift, sondern zugleich auch die Chancen und Möglichkeiten in der mutigen Transformation sieht, desto größer wird die Bereitschaft sein, sich nicht mehr hinter einer schlechten Datengrundlage oder hoher Komplexität zu verstecken, sondern sie entschlossen anzupacken – und zwar gemeinsam. ■

Top 3

1

Das Ziel der Begrenzung der Erderwärmung auf 1,5 Grad Celsius ist so ambitioniert, dass nur völlig neue Formen der Zusammenarbeit und rigoros angepasste Prozesse in Gesellschaft und Wirtschaft zu einer Zielerreichung führen. Wäre dieses Aufgabenspektrum eine Jobbeschreibung, dann wäre die Digitalisierung wohl der vielversprechendste Kandidat.

2

Ein Unternehmen kann zwar in einem gewählten Jahr klimaneutral werden, aber auf dem Weg dorthin zu einer Erderwärmung von 4 Grad Celsius beigetragen haben. Deshalb gilt: Nicht die Klimaneutralität ist entscheidend, sondern eine nachweislich 1,5 Grad-konforme Dekarbonisierungsstrategie.

3

Je mehr die Wirtschaft den Klimawandel als existenziell bedrohlich begreift, desto größer ist die Chance für eine Form von Unternehmertum, das kommerziellen Erwfolg mit einem positiven Einfluss verbindet. Start-ups, die diese Anforderungen meistern, sind zweifelsohne unverzichtbare Begleiter von Unternehmen in die 1,5 Grad-Konformität und damit in die Zukunft.

Takeaways

Die Kluft
überwin

den –
Bausteine **für** eine **verantwortungsvolle** Digitalisierung

Sebastian Klauke ist seit 2019 im Konzernvorstand der Otto Group verantwortlich für den Bereich E-Commerce, Technologie, Business Intelligence und Corporate Ventures. Nach seinem Studium in Münster, London und Freiburg stieg der Diplom-Physiker 2006 bei der Boston Consulting Group ein, wo er vier Jahre als Berater und Projektleiter tätig war. 2010 co-gründete Klauke mit Autoda.de den ersten deutschen Online-Shop für Gebrauchtwagen, der 2013 an den Wettbewerber MeinAuto verkauft wurde. Es folgte eine selbstständige Tätigkeit als Berater für Technologie- und E-Commerce-Start-ups. Ab Juli 2014 fungierte Klauke als Partner und Geschäftsführer der BCG Digital Ventures GmbH, einem Tochterunternehmen der Boston Consulting Group, ehe er im Juli 2017 zum Chief Digital Officer der Otto Group berufen wurde.

Knapp ein Drittel der Deutschen nutzt keine Online-Angebote für Gesundheit, Verwaltung, Bildung und Arbeit – das ist das erschreckende Ergebnis einer aktuellen Studie der Unternehmensberatung Boston Consulting Group[14].

Immerhin: Vor der Coronapandemie waren es noch 74 Prozent, heute nutzen also mehr als doppelt so viele Menschen Online-Services. Dennoch zeigt die Befragung eindringlich, dass ein erheblicher Teil der Bevölkerung auf dem Weg der digitalen Transformation (noch) nicht mitgekommen ist.

Ähnliches lässt sich auch auf europäischer Ebene beobachten: Seit 2014 erhebt die Europäische Union den Stand der Digitalisierung in den Mitgliedsstaaten, den sogenannten Index für die digitale Wirtschaft und Gesellschaft (Digital Economy and Society Index, DESI). Deutschland ist dort seit jeher nur im Mittelfeld. Digitalisierungsspitzenreiter sind vor allem die skandinavischen Länder. Die viel wichtigere Erkenntnis aus dem DESI ist jedoch die Tatsache, dass die Länder, die langsam mit ihrer digitalen Transformation gestartet sind, bis heute keine deutlich höhere Umsetzungsgeschwindigkeit erreicht haben. Das heißt, auch im Vergleich der europäischen Staaten untereinander gibt es eine digitale Kluft.

Dieser möchte die EU-Kommission nun mit der digitalen Dekade der 2020er-Jahre begegnen. Diese Initiative kommt ganz sicher nicht zu früh und sie ist wichtig – denn es braucht politische Leitplanken, die die starken europäischen Werte verankern und damit das Fundament für eine nachhaltige, verantwortungsvolle Digitalisierung legen. Gleichzeitig ist die Rolle der Politik ein Balanceakt, denn sie kann nur den Rahmen schaffen, in dem Innovation und Erfindergeist gedeihen. Die Regulierung darf dabei kein allzu enges Korsett sein, sondern muss Kräften aus Gesellschaft, Wissenschaft und nicht zuletzt der Wirtschaft Raum geben und Anreize bieten.

Die Perspektive, die ich zur Diskussion um die digitale Dekade beitragen kann, ist die eines Managers in einem Wirtschaftsunternehmen. Anders als man vielleicht erwarten könnte, möchte ich diesen Beitrag nicht nutzen, um Forderungen oder Bedenken in Richtung der Politik zu formulieren. Das ist zwar auch wichtig, wird aber schon an vielen anderen Stellen gemacht. Stattdessen möchte ich am Beispiel unseres Unternehmens einige Gedanken dazu vorstellen, wie eine wirksame und zugleich verantwortungsvolle digitale Transformation gelingen kann. Wir als Otto Group sind nur deshalb noch da, als weltweit einziges aus der einst großen Gruppe erfolgreicher Katalogversandunternehmen, weil es uns gelungen ist, uns als Unternehmen immer wieder neu zu erfinden. Und wir sind immer noch mittendrin, das immer wieder aufs Neue zu versuchen.

Gedanke eins: Worum geht es eigentlich, wenn wir über digitale Transformation sprechen?

Es ist hinlänglich bekannt, dass die Coronapandemie der digitalen Transformation in vielen Unternehmen Schub verliehen hat. Aus dieser Beobachtung können wir eine Erkenntnis darüber gewinnen, worum es bei der digitalen Transformation eigentlich geht: Der Covid-Digitalisierungsschub wurde ja offensichtlich nicht etwa durch eine sprunghafte technologische Weiterentwicklung ermöglicht. Vielmehr haben die Zwänge der Pandemie an so mancher Stelle Paradigmen und Glaubenssätze ins Wanken gebracht, die vorher unverrückbar schienen.

Auch vor und nach Covid galt und wird gelten: Die Engpass-Ressource ist meist nicht die verfügbare Technologie. Hinreichend ausgereifte (Software-)Produkte gibt es für fast alle Themen, mit denen Unternehmen konfrontiert sind. Die Herausforderung liegt vielmehr darin, den technologisch durchaus machbaren Wandel nicht nur zu erdulden, sondern aktiv zu gestalten. Die Geschwindigkeit der Veränderungen, mit denen Unternehmen konfrontiert sind, ist heute höher als jemals zuvor. Damit erfolgreich umzugehen erfordert Offenheit und den Mut, sich selbst, die

eigenen Geschäftsmodelle und Prozesse immer wieder neu zu erfinden. Es geht also in letzter Konsequenz um Einstellungen, Werte und Kultur. Und – das ist meist etwas einfacher zu greifen und zu bearbeiten – um Strukturen und Prozesse, die helfen und nicht hindern.

Gedanke zwei: Auf die Nutzer:innen hören

Wenn etablierte und schon lange am Markt erfolgreiche Unternehmen innerhalb weniger Jahre durch neue, digitale Wettbewerber unter Druck geraten und an Boden verlieren, wird immer wieder intensiv diskutiert, wie das eigentlich passieren konnte. Wenn man ganz bis auf den Grund geht, ist die Diagnose eigentlich immer dieselbe: Die digitalen Angreifer erfüllen die Bedürfnisse der Nutzer:innen besser. Beispielsweise ist Google Maps auf dem iPhone müheloser als ein Stadtplan oder Straßenatlas zu bedienen; kein CD-Laden bietet die Fülle an Entdeckungsmöglichkeiten, die man mit Spotify in der Hosentasche hat; Slack und Microsoft Teams ermöglichen eine flüssigere Kommunikation als E-Mails.

Diese Einsicht ist weder neu noch schwierig. Trotzdem passiert es in jedem Unternehmen immer wieder – die Otto Group ist hier nicht ausgenommen –, dass nicht von den Kund:innen her gedacht und entwickelt wird, sondern aus einer nach innen gerichteten Perspektive. Nicht zuletzt kann ▶

auch eine zu große Verliebtheit in die technologischen Möglichkeiten manchmal dazu führen, dass Lösungen als Selbstzweck entwickelt werden, für die es kein relevantes Problem gibt. Eine konsequente Nutzungs- und Kundenorientierung läuft leider nicht von allein, sondern erfordert eine permanente Zufuhr von Energie. Aber sie ist ein zwingend notwendiger Baustein für die erfolgreiche Digitalisierung.

Ein ermutigendes Beispiel ist die Erfolgsgeschichte von About You, einer der am schnellsten wachsenden E-Commerce-Firmen Europas. About You wurde 2014 unter dem Dach der Otto Group gegründet. Schon 2018 war das Fashion- und Tech-Unternehmen Hamburgs erstes Unicorn, wurde also mit mehr als einer Milliarde Euro bewertet. Und sieben Jahre nach Gründung erfolgte 2021 der Gang an die Börse. Inzwischen wird About You bereits im SDAX gelistet.

Aber warum ist About You in einem vermeintlich sehr gesättigten Fashionmarkt so erfolgreich? Ein wichtiger Grund ist, dass das Geschäftsmodell und viele Features und Angebote mit einem kompromisslosen Blick auf die Wünsche und Bedürfnisse der Kund:innen entwickelt wird. Im Ergebnis spricht wohl kaum ein anderer Modeanbieter im E-Commerce die Kundschaft so persönlich und inspirierend an. About You hat den Modehandel im Internet tat-sächlich ein Stück weit neu erfunden und sich damit einen bedeutenden Teil eines Marktes erschlossen, der eigentlich längst als weitestgehend aufgeteilt galt.

Gedanke drei: Die eigene Begrenztheit überwinden

Doch wie kommen Unternehmen überhaupt darauf, welche neuen Ansätze die Kundschaft zukünftig begeistern können? In jedem Fall ist es wichtig, die Ideenpipeline immer wieder mit dem Blick nach draußen aufzufüllen. Großen Unternehmen fällt das erfahrungsgemäß nicht immer leicht. Denn wir sind doch ganz bestimmt die allerbesten Experten für unsere Kund:innen und unser Geschäftsmodell, oder etwa nicht? Die Otto Group ist da keine Ausnahme – auch wir tappen immer wieder in die Falle, nicht über die Grenzen des eigenen Erfahrungsgefängnisses hinausdenken zu können.

Als Korrektiv dazu hilft es uns, dass wir vor mehr als zehn Jahren als Gründungs- und Ankerinvestor bei Headline, ehemals e.ventures und Project A eingestiegen sind, zwei Venture-Capital-Unternehmen (VC). Beide beobachten qua Geschäftsmodell, welche internationalen Start-ups mit welchen Geschäftsmodellen an den Markt gehen, und investieren in die besonders Erfolg versprechenden dieser jungen Unternehmen.

Natürlich profitieren wir als Otto Group von diesen Investitionen finan-

About You hat den Modehandel im Internet durch seine persönliche Ansprache ein Stück weit neu erfunden und sich damit einen bedeutenden Teil eines Marktes erschlossen, der eigentlich längst als weitestgehend aufgeteilt galt.

ziell. Mindestens genauso wichtig ist für uns aber der stetige inhaltliche Austausch mit beiden VCs, weil wir wichtige Impulse erhalten und sehr schnell auf neue Technologien, Geschäftsmodelle und Verhaltensweisen der Kundschaft aufmerksam gemacht werden.

Eines möchte ich dabei jedoch ausdrücklich betonen: Ein solches Modell funktioniert meiner Erfahrung nach nur dann, wenn das jeweilige Venture-Capital-Unternehmen größtmögliche Freiheit genießt – und eben gerade nicht der ständigen Kontrolle des großen Konzerns im Hintergrund unterliegt. Wir sind stolz darauf, in den aktuellen Fonds-Generationen jeweils nur einer von vielen namhaften Investoren zu sein, und wir legen Wert darauf, keinerlei Einfluss auf die Auswahl der Investments zu haben. Deshalb ist es – anders als bei vielen Corporate VCs – auch nicht unser Ziel, Start-ups aus den VC-Portfolien frühzeitig übernehmen zu können. Denn nur durch die Unabhängigkeit ist sichergestellt, dass Headline und Project A von den besten Start-up-Teams als relevante Investoren angesehen werden. Paradoxerweise ist also gerade der Verzicht auf Kontrolle für uns der wichtigste Erfolgsfaktor als Corporate Player im Venture-Capital-Geschäft. ▸

> **Um fähig zum Wandel zu sein, ist es unab-dingbar, an der eigenen Kultur zu arbeiten.**

Gedanke vier: Explizit an der eigenen Kultur arbeiten

Der Anspruch, sich neu zu erfinden, ist für jede größere Organisation immer auch eine Zumutung und Belastung, auch und vielleicht sogar ganz besonders für sehr erfolgreiche Unternehmen. Um trotzdem fähig zum Wandel zu sein, ist es unabdingbar, an der eigenen Kultur zu arbeiten. Also an Haltung, Mindset, Kommunikation. Nicht nur in den Führungsetagen, sondern unter allen Mitarbeitenden.

Oft wird argumentiert, an der Kultur könne man gar nicht explizit arbeiten. Die Otto Group beweist das Gegenteil: Wir haben vor mehr als fünf Jahren unter dem Titel „Kulturwandel 4.0" den wohl radikalsten Change-Prozess unserer Geschichte initiiert. Wir nehmen dabei sehr konsequent den Veränderungsbedarf im Verhalten von Führungskräften auf allen Hierarchieebenen, den Vorstand eingeschlossen, in den Blick. Das Ziel ist eine partizipative Kommunikation auf Augenhöhe, um die Kompetenzen und Stärken von Mitarbeitenden dort einzusetzen, wo sie den größten Nutzen bringen. Wir wollen sehr bewusst neue Freiräume und Entwicklungsmöglichkeiten schaffen.

Wir brauchen gut ausgebildete, überdurchschnittlich motivierte und auch risikofreudige Menschen als Treiber:innen des Wandels, die mit Selbstbewusstsein und Vertrauen das Bewährte immer wieder hinterfragen. Diese langfristig an die Otto Group zu binden gelingt nur dann, wenn wir dauerhaft spannende Aufgabenfelder bieten, wenn wir unsere eigenen Prozesse infrage stellen, wenn wir schnell und mutig sind. Das gelingt uns immer besser; gleichzeitig ist der Kulturwandel 4.0 jedoch kein Projekt, das irgendwann zum Abschluss gelangt. Vielmehr sprechen wir über einen unumkehrbaren Prozess als Grundlage für das langfristige Bestehen unseres Unternehmens.

Verantwortung übernehmen – Wirtschaft als Treiber digitaler Grundkompetenzen

Die digitale Dekade ist ein wichtiger

Ansatz, um die Digitalisierungslücke in Deutschland und Europa zu schließen. Neben eingangs erwähnter Beobachtung zur (Nicht-)Nutzung digitaler Angebote zeigt sich diese Lücke eindrucksvoll im Mangel an Digitalfachkräften. So geht der Digitalverband Bitkom von 86.000 fehlenden IT-Fachkräften allein in Deutschland aus[15].

Schließen können wir die Lücke nur durch den flächendeckenden Aufbau von Digitalkompetenzen in der Bevölkerung, die Förderung von Diversität, Weiterbildung und lebenslanges Lernen – hier können die Maßnahmen der digitalen Dekade besonders große Wirkung entfalten. Die Digitalisierung des Bildungssystems und vor allem die Integration von Digitalthemen in Lehrpläne von Schulen und Universitäten ist längst überfällig, wie nicht zuletzt die wachsende digitale Kluft zeigt.

Auch die Wirtschaft ist hier in der Verantwortung und kann zu einem entscheidenden Treiber für die Vermittlung von Digitalwissen werden, das hat die Coronapandemie deutlich gemacht. Wie viele Unternehmen haben auch wir unsere Beschäftigten, wo immer möglich, ins Mobile Office geschickt und ihnen dafür die entsprechende technische Infrastruktur zur Verfügung gestellt – inklusive umfassender Schulungen und Lernangebote. Technologie, Weiterbildung und vor allem die Offenheit und Flexibilität unserer Beschäftigten haben diese schnelle, aber drastische Veränderung zu einem Erfolg gemacht und – als Nebeneffekt – die Digitalkompetenz in der Organisation gestärkt.

Genau das ist auch das Ziel unserer konzernweiten Weiterbildungsinitiative TechUcation – der Aufbau eines gemeinsamen Verständnisses von Digitalisierung bei allen Beschäftigten, unabhängig von Hierarchieebene, Standort oder Rolle. Darüber hinaus bieten wir allen Mitarbeitenden vielfältige weitere Lernangebote, die sie zum Aufbau neuer Kompetenzen oder zur Vertiefung ihres Wissens nutzen können. Auch das ist Teil unserer kulturellen Transformation. Diese Beispiele zeigen deutlich: Unternehmen können einen wichtigen Beitrag für den Aufbau von Digitalkompetenzen leisten, wenn sie sich der Verantwortung stellen.

Damit die digitale Dekade zu den wahrhaft goldenen 20ern des 21. Jahrhunderts wird, müssen wir die digitale Lücke in Deutschland und in Europa schließen. Das kann gelingen, wenn Gesellschaft, Wirtschaft und Politik gemeinsam an einem Strang ziehen und die Digitalisierung nachhaltig und verantwortungsvoll gestalten. So fördern wir digitale Teilhabe und digitale Souveränität, stärken den Wirtschaftsstandort Europa und machen ihn resilienter für alle Herausforderungen, die künftig auf uns warten. ∎

Top 4

Wie kann eine wirksame und zugleich verantwortungsvolle digitale Transformation im Unternehmen gelingen?

1

Die **verfügbare Technologie** ist bei der digitalen Transformation meist nicht der Engpass. Die Herausforderung liegt vielmehr darin, den technologisch durchaus **machbaren Wandel** nicht nur zu erdulden, sondern aktiv zu gestalten.

2

Eine zu große **Verliebtheit in die technologischen** Möglichkeiten kann dazu führen, dass **digitale Lösungen** als Selbstzweck entwickelt werden, für die es kein relevantes Problem gibt. Eine konsequente Nutzungs- und Kundenorientierung läuft nicht von allein, sondern erfordert eine permanente **Zuführung von Energie** und Ressourcen.

3

Um über die Grenzen des eigenen Erfahrungsgefängnisses im Unternehmen hinausdenken zu können, liefert ein stetiger Austausch mit **Venture-Capital-Unternehmen** und Start-ups wichtige Impulse, um sehr schnell auf **neue Technologien**, Geschäftsmodelle und Verhaltensweisen der Kund:innen aufmerksam zu werden.

4

Damit eine **etablierte Organisation** zum Wandel fähig sein kann, ist es unabdingbar, **aktiv** an der **eigenen Kultur** zu arbeiten – also an **Haltung, Mindset** und auch Kommunikation.

Auch die Wirtschaft steht in der Verantwortung, **Digitalwissen** zu vermitteln und so nicht nur das eigene **Unternehmen weiterzuentwickeln**, sondern auch zur Schließung der digitalen Lücke in Deutschland beizutragen.

Takeaways

Daten
ersetzen

Tonnen

Wie die Materials-Branche

Martina Merz ist Vorstandsvorsitzende der thyssenkrupp AG. Zuvor arbeitete sie für Bosch, Brose Fahrzeugteile, Chassis Brakes International sowie als selbstständige Unternehmensberaterin. Merz wurde vom Manager Magazin als einflussreichste Frau der deutschen Wirtschaft bezeichnet und auf Platz 19 der Forbes Liste „The World's 100 Most Powerful Women" geführt. Sie beschäftigt sich vor allem mit dem Thema Nachhaltigkeit. Ehrenamtlich ist sie dem Ashoka Support Network, das eine „Everyone a Changemaker"-Welt fördert, sowie der Deutsch-Französischen Industrie- und Handelskammer verbunden.

-Service-

die **digitale Transfor-mation** gestaltet

Ilse Henne ist Chief Transformation Officer und Mitglied des Vorstands von thyssenkrupp Materials Services. Aus dieser Rolle heraus gestaltet sie aktiv den Wandel des Business Segments. Henne verfügt über 20 Jahre internationale Managementerfahrung in verschiedenen Positionen bei thyssenkrupp, unter anderem als CEO der Geschäftseinheiten von thyssenkrupp Materials Services Westeuropa und Asien. Als studierte Sprachwissenschaftlerin, Frau und Führungskraft im Stahlhandel, Belgierin in einem Unternehmen mit deutschen Wurzeln kennt Ilse Henne die Herausforderungen, die mit komplexen Veränderungsprozessen einhergehen. Seit Mai 2021 bekleidet sie ein Aufsichtsratsmandat beim französischen Chemiekonzern Arkema.

Als Heinrich August Schulte am 5. Februar 1896 eine Eisenhandlung in Dortmund eröffnete, war nicht abzusehen, dass daraus der heute größte werksunabhängige Werkstoffhändler und Dienstleister der westlichen Welt mit rund 380 Standorten in über 30 Ländern und rund 15.500 Mitarbeitenden erwachsen würde. In seiner nunmehr gut 125-jährigen Geschichte hat thyssenkrupp Materials Services immer wieder die gleichen Fragen beantworten müssen: Wann wird Material angeliefert? Gibt es einen Überbestand? Lassen sich die Transportwege oder die Verweildauer der Materialien in den Lagern optimieren? Gibt es ein Unwetter, das den Warentransport gefährdet?

Verändert haben sich die Wege, Antworten auf diese Fragen zu bekommen – sowohl in der zweiten industriellen Revolution des späten 19. Jahrhunderts als auch in der dritten, in den 1970er- und 1980er-Jahren. Dabei hat Materials Services stets die technischen Möglichkeiten der Zeit für sich genutzt, um sich den jeweiligen Anforderungen zu stellen und die Zukunft aktiv mitzugestalten. Heute, inmitten der vierten industriellen Revolution, transformiert sich das Unternehmen von Materials and Services hin zu Materials as a Service: Das traditionelle Materialhandelsgeschäft wird mit intelligenten Lieferkettenlösungen verzahnt, um die Bedürfnisse seiner Kundschaft noch besser zu erfüllen. Diese strategische Weiterentwicklung ist untrennbar mit der digitalen Transformation von Materials Services verbunden.

Drei Thesen zur digitalen Transformation

Digitalisierung geht weit über rein technische Veränderungen hinaus. Sie erfordert ein anderes Verständnis von Daten, neue Formen von Partnerschaften in Netzwerken und ganzen Ökosystemen und andere Formen der Führung. Um der Komplexität der Industrie 4.0 wirkungsvoll zu begegnen und die Vorreiterrolle in der Branche beizubehalten, muss Materials Services daher drei Wahrheiten akzeptieren und Antworten auf sie finden:

1. Daten ersetzen Tonnen. Oder: Wie die Digitalisierung zu einem Nachhaltigkeitsbeschleuniger wird

Ein unübersehbarer Megatrend der Industrie 4.0 ist die Dematerialisierung. Immer mehr physische Produkte werden in Software umgewandelt. In der neuen digitalen Welt, die von Software, Dienstleistungen und Daten angetrieben wird, werden traditionelle Wirtschaftszweige und Wertschöpfungsketten entweder verschwinden oder umgewandelt werden müssen. Mit „Materials as a Service" begründen wir als einstiger reiner Werkstoffhändler unsere Position in der dematerialisierten, aber hochgradig vernetzten Wirtschaft neu, betten unsere Hardware in ein Ökosystem von Software und Dienstleistungen ein und generieren so ganz neue Kundennutzen.

Materials Services folgt dabei der Überzeugung „Bits replace tons" – Daten ersetzen Tonnen. Der Schlüssel zum Erfolg sind Daten, vor allem Datentransparenz. Das gilt beispielsweise für die Digitalisierung von Lieferketten. *(Abb. 7)*

Die Kundschaft unseres Unternehmens möchte stets das richtige Material im richtigen Moment, in der richtigen Menge, in der richtigen Qualität und am richtigen Ort vorfinden. Damit wir das leisten, muss es uns gelingen, überraschende Ereignisse in der Lieferkette zu antizipieren und vorausschauend zu steuern. Dazu braucht es neben umfassendem Kundenwissen Datentransparenz, sodass der Wareneinsatz effizienter gestaltet werden kann. Indem sich unser Unternehmen auf Daten und Datenverknüpfungen fokussiert, schaffen wir die Grundlage dafür, Bedarfe und Angebote, Wege und Auslastungen kontinuierlich nachzuvollziehen und zu verbessern. Verschwendung kann vermieden werden, weil Transportwege kürzer, optimierter werden und Überbestände ausbleiben. Zugleich verringern sich CO_2-Emmissionen und Lieferketten werden grüner. Daten werden so zum Hebel für nachhaltiges Handeln.

Um diesen dafür unabdingbaren digitalen Datenschatz zu heben, setzt Materials Services neue, intelligente Anwendungen ein. Unter Nutzung modernster Cloud-Technologie und Data Analytics gewinnt unser Unternehmen heute völlig neue Erkenntnisse und löst komplexe Optimierungsaufgaben – wie beispielsweise die optimale Materialallokation. Damit wird die Vision von Supply Chain 4.0 Wirklichkeit. Mit alfred®, der intern entwickelten cloudbasierten Data Analytics Plattform, können wir beispielsweise die 14 Millionen Auftragspositionen, die jährlich bei Materials Services eingehen, deutlich effizienter analysieren, Kundenbedürfnisse noch besser verstehen und Transportwege optimieren. *(Abb. 8)*

Wie bei alfred® verbindet Materials Services auch mit der auf Künstlicher Intelligenz basierenden Lösung pacemaker® Geschäftserfolg und Nachhaltigkeit miteinander. pacemaker® gleicht Echtzeit-Kundenbedarfe an Materialien mit Beständen und aktuellen Warenströmen ab und kann auf diese Weise tatsächliche Materialbedürfnisse exakt vorhersagen. Zum Einsatz kommt das Tool beispielsweise bei einem weltweit führenden Automobilhersteller. Zugleich steuert pacemaker® auch einen wichtigen Beitrag zu einem ressourcenschonenderen Einsatz von Materialien bei: Fehllieferungen werden reduziert, Bestands- und Lagerkosten sowie die Anzahl der Transporte verringert. Die Effizienz bei Transport und ▸

Die Entwicklung von Supply-Chain-Netzwerken

erfordert sechs Kernfähigkeiten.

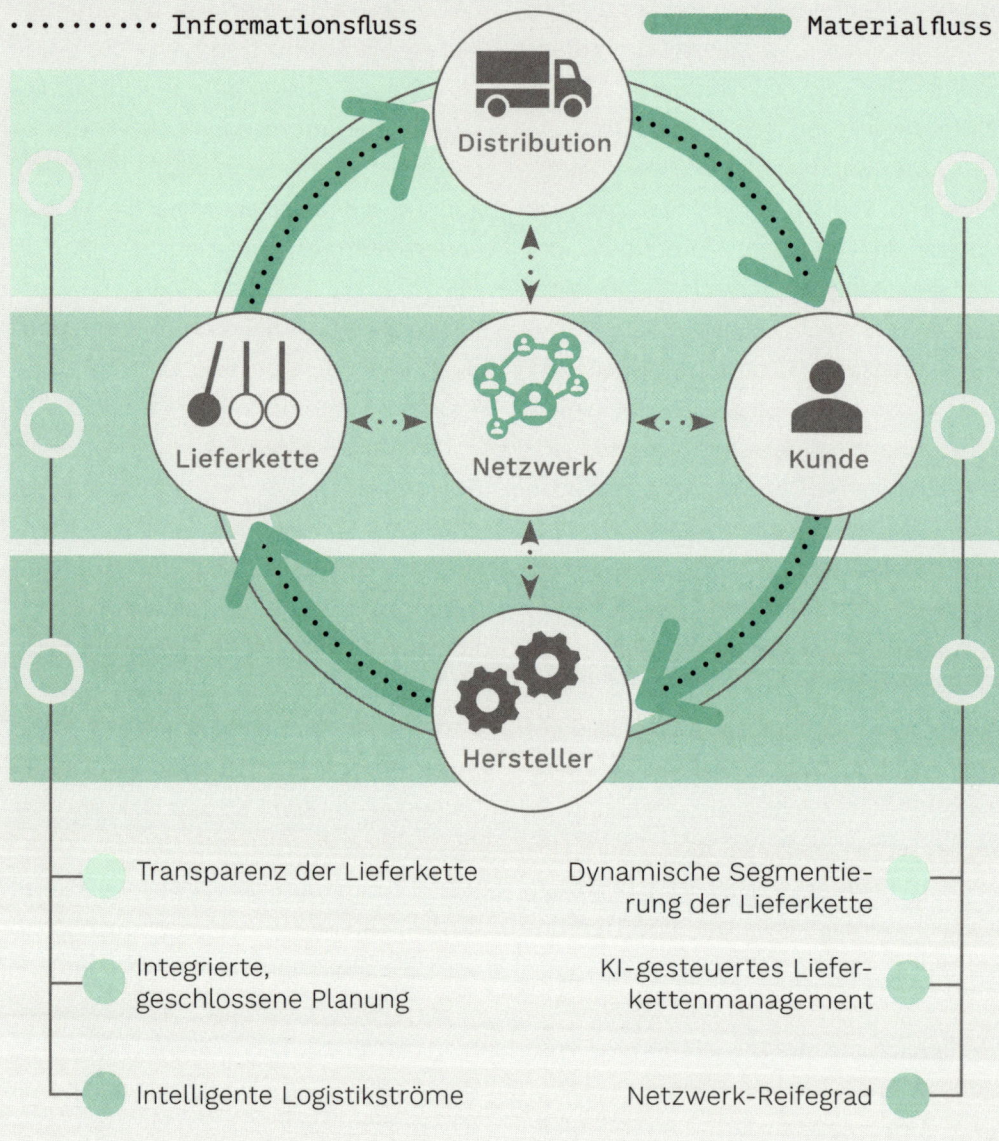

Abb. 7: Digitale Lieferkette

Weltweites virtuelles
Materiallager mit mehr als

150.000

Produkten und Services

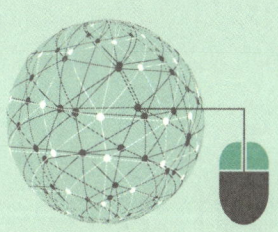

Digitaler Zugriff auf

3,5 Mio. m²

Lagerflächen

271

Lagerstandorte weltweit

14 Millionen

Auftragspositionen im Jahr

Abb. 8: alfred® (Zahlenbasis: Geschäftsjahr 2019/2020)

> **Die Zeiten, in denen Unternehmen als Einzelkämpfende auf dem Markt erfolgreich waren, sind längst vorbei. Im digitalen Zeitalter geht es mehr denn je darum, in Netzwerken zu denken und zu arbeiten.**

Koordination verbessert sich unterm Strich um bis zu 15 Prozent.

Aus Daten entsteht also neue Intelligenz. Damit Daten in einer Wertschöpfungskette aber tatsächlich einen Mehrwert erbringen, müssen sie von allen Akteuren der Kette verlässlich, transparent und möglichst in Echtzeit ausgetauscht werden. Die dafür notwendigen Netzwerke baut Materials Services aktuell auf.

2. **Netzwerke schlagen Einzellösungen**

Die Zeiten, in denen Unternehmen als Einzelkämpfende auf dem Markt erfolgreich waren, sind längst vorbei. Im digitalen Zeitalter geht es mehr denn je darum, in Netzwerken zu denken und zu arbeiten. Dazu gehört mitunter auch, eigene Netzwerke zu bauen. Dabei ist die Frage, in welcher Branche ein Unternehmen tätig ist, ob etwa in der Luftfahrt-, der Automobil- oder der Maschinenbauindustrie, nicht entscheidend. Viel wichtiger sind die Rolle und die Position, die ein Unternehmen in der Liefer- und Wertschöpfungskette einnimmt, und auch die Frage, inwiefern sich diese Rolle und Position künftig verändern könnte. Das definiert die unternehmerischen Herausforderungen. Es geht darum, zu verstehen, dass man konstant in Abhängigkeiten von anderen Netzwerkpartnern steht, die sich wiederum ihrerseits über die Zeit verändern, und die eigene Wertschöpfung, die eigenen Prozesse und Lösungen entsprechend darauf ausrichtet. Netzwerke zu schaffen, sich smart mit anderen Marktteilnehmenden zu vernetzen, um effizient, flexibel und erfolgreich im Markt zu agieren, ist daher ein ganz wesentlicher Bestandteil der Transformation von Materials Services.

Wenn die digitale Transformation gelingen soll, muss sich aber auch Führung ändern. Dazu gehört, ein digitales Mindset und die Akzeptanz für agile Arbeitsprozesse in der Belegschaft zu etablieren. Das bedeutet auch zu erkennen, dass die Zusammenarbeit in Netzwerken der Arbeit in Silos deutlich überlegen ist.

3. **Führung 4.0 heißt Befähigung**
Industrie 4.0 heißt auch Führung 4.0. Tradierte Führungsmodelle sind zunehmend obsolet. Entscheidungen müssen da getroffen werden, wo sie benötigt werden, und nicht den teils langwierigen Weg durch die Instanzen und Hierarchien gehen. Führung 4.0 heißt, Optionen zu vervielfältigen und nicht zu beschneiden. So war der Vorstand von Materials Services bei der Strategiefindung von der Überzeugung getrieben, dass auch die Unternehmenskultur angepasst werden und er selbst mit gutem Beispiel vorangehen muss. Die Art der Zusammenarbeit wurde neu definiert – im Mittelpunkt dabei: Transparenz, Kollaboration und konsequente Kundenzentrierung. Entscheidungen von Investitionen in Innovationen werden heute nicht mehr zwangsläufig mit einem Votum des Vorstands verknüpft. Stattdessen werden sie in einem transparenten, prozessarmen Pitch-Verfahren viel näher am operativen Geschäft und damit nah an unserer Kundschaft getroffen. Ohne Intervention des Vorstands.

Der Hintergrund: Lange Abstimmungs- und Entscheidungswege bremsen das Aktions- und Reaktionstempo in einer volatilen Welt stark ab, sogar gefährlich stark. Agil arbeitende, sich selbst organisierende Teams werden daher zu echten Game-Changern. Da sie ganz nah am Markt und an der Kundschaft sind, kennen sie deren Bedürfnisse und Erwartungen genau und erkennen relevante Veränderungen sofort. Genauso funktioniert der digitale Maschinenraum von thyssenkrupp Materials Services: In Einheiten wie dem Digital Transformation Office oder der Digital Garage fließen wichtige Stränge der Digitalisierung zusammen. Hier arbeiten integrierte Teams aus IT-Expert:innen, Ingenieur:innen und Businesskoordinator:innen an verschiedenen Digitalisierungsprojekten, die direkt aus dem Kerngeschäft und damit aus unmittelbarer Kundensicht erwachsen.

Dieser integrative und holistische Ansatz ist für die Digitalisierung und Transformation unseres ▸

> „Digitalisierung darf niemals **Selbstzweck** sein. **Digitalisierung** muss aus **Kundensicht** gedacht sein, sich also eng an deren **Wünschen** und **Anforderungen** orientieren.

Kerngeschäfts der richtige Weg. Daher hat sich Materials Services bewusst gegen ein entkoppeltes Start-up, das sich mit Digitalisierungsthemen befasst, entschieden. Auf diese Weise sind an unserem Hauptsitz in Essen erfolgreiche Eigenentwicklungen entstanden – wie alfred®, pacemaker® oder auch unsere das industrielle Internet der Dinge abbildende IIoT-Plattform toii®. Damit können wir die Auslastung von Anarbeitungsmaschinen verbessern und Prozesse über die gesamte Supply Chain hinweg automatisieren und effizienter gestalten. toii® wurde komplett intern entwickelt und ist an über 35 Standorten im Einsatz, hat über 500 Maschinen angebunden, mehr als 3.000 interne Nutzende und ist bei Kunden inner- und außerhalb von thyssenkrupp im Einsatz. Bei einem großen Kunden aus der Automobilzulieferindustrie mit Standorten in verschiedenen europäischen Ländern werden bereits 50 Prozent des Materials über mit toii® vernetzten Maschinen produziert – mit steigender Tendenz. Das Ergebnis: insgesamt 34.000 Tonnen zusätzliche Produktionskapazität und eine Produktivitätssteigerung von bis zu zehn Prozent pro Maschine. Oder, wie es der auf Kundenseite zuständige Head of Operational Excellence zusammenfasst: Mit toii® habe man die Angebotsqualität verbessert, Fehlerkosten gesenkt und die Kundenzufriedenheit deutlich erhöht. *(Abb. 9)*

Hebel der digitalen Transformation

Digitalisierung darf niemals Selbstzweck sein. Digitalisierung muss aus Kundensicht gedacht sein, sich also eng an deren Wünschen und Anforderungen orientieren. Das beginnt bereits mit dem Angebot der Verkaufskanäle. Statt unsere Kundschaft in standardisierte Prozesse zu drängen, verfolgen wir bei thyssenkrupp Materials Services eine Omnichannel-Strategie, verknüpfen also analoge und digitale Verkaufskanäle miteinander. Damit kann jeder Kunde jederzeit bei uns bestellen. Aber es geht nicht nur darum, das Handelsgeschäft über digitale Kanäle zu lenken. Digitalisierung muss mehr sein als der Lack auf einer Karosserie – sie muss vor allem unter der Motorhaube stattfinden. Damit sie erfolgreich ist, sind die folgenden Faktoren zentral:

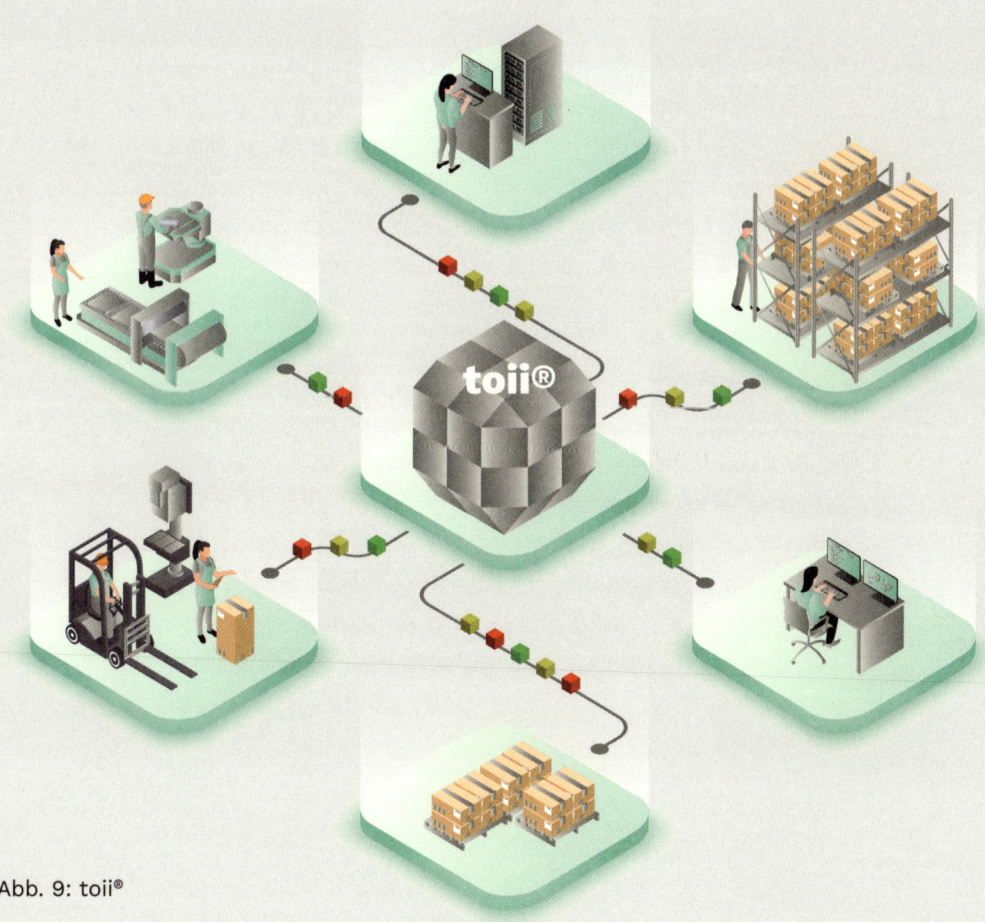

Abb. 9: toii®

→ Die kulturellen Rahmenbedingungen müssen stimmen: Innovation reift nur in einem Unternehmen, das Raum schafft für Versuche, Fehler und kontinuierliches Lernen.

→ Digitalisierung und Innovation müssen so nah wie möglich am Geschäft stattfinden, damit sie erfolgreich und nachhaltig sind. Die zentralen Fragestellungen lauten: Was ist das Problem des Kundschaft? Wie können wir Abhilfe schaffen?

→ Digitalisierung ist keine Frage der richtigen Tools. Es geht immer zuerst um den inhaltlichen, also den geschäftlichen Kontext.

→ Wissen, wovon man spricht. Wir kombinieren über 125 Jahre Industrie-Know-how mit jahrzehntelanger Erfahrung in der digitalen Transformation. Das, was wir schon lange für uns selbst tun, können wir immer mehr in Lösungen und Produkte für unsere Kundschaft glaubwürdig einfließen lassen.

Gesellschaftliche Ansprüche an die digitale Veränderung

Gesellschaft und Kundschaft üben auf Unternehmen einen immer größer werdenden Druck zu mehr Digitalisierung und mehr Nachhaltigkeit aus. Wer künftig seine Produkte und Services erfolgreich verkaufen und ein relevanter Marktteilnehmer bleiben will, muss sich diesen Themen proaktiv stellen. Es ist schon längst keine Frage des „ob", sondern nur noch des „wie". Damit Unternehmen in Deutschland auch im internationalen Wettbewerb erfolgreich sein können, ist es an der Politik, die Rahmenbedingungen dafür weiter zu verbessern:

Der Druck auf Unternehmen, digitaler und nachhaltiger zu werden, steigt – wer erfolgreich bleiben will, muss sich diesen Themen proaktiv stellen.

→ Die digitale Transformation in den Unternehmen kann nur gelingen, wenn die Mitarbeitenden entsprechend qualifiziert sind. Daher müssen digitale Basiskompetenzen frühzeitig und möglichst über alle Bildungsbereiche hinweg vermittelt werden.

→ Eine moderne digitale Infrastruktur ist die technologische Grundvoraussetzung für mehr Digitalisierung: Dazu gehören schnelles Internet, Breitbandausbau sowie 5G als Mobilfunkstandard, und zwar deutschlandweit.

→ Wir brauchen eine digitale Verwaltung mit schnellen, entschlackten Prozessen, weniger Bürokratie und geringerem Kostenaufwand – sowie einen vereinfachten Zugang zu Fördermitteln und Unterstützungsangeboten.

Die mit der vierten industriellen Revolution einhergehenden gewaltigen Veränderungen dynamischer, volatiler Märkte stellen die 250.000 Kunden s.o. von Materials Services – von kleinen Mittelständlern bis zu großen Autobauern (OEM, Original Equipment Manufacturer) – vor große und immer neue Herausforderungen. Diese als eine große Chance zu begreifen, um das eigene Geschäftsmodell zu transformieren und weiterhin eine Vorreiterrolle zu spielen, ist der Anspruch von thyssenkrupp Materials Services. Wie schon in den vergangenen 125 Jahren. ∎

Top 3

1

In den letzten 125 Jahren haben wir immer wieder Fragen zu **Materialliefe-rung, Materialbestand, Transportwegen, Transportdauer** und **Transportsicherheit** beantwortet. Dematerialisierung ist ein unübersehbarer Megatrend der **Indus-trie 4.0**. Immer mehr physische Produkte werden in Software umgewandelt, in unserem Fall von Materials and Services hin zu Materials as a Service. Mit anderen Worten: **Daten ersetzen Tonnen**.

2

Egal in welcher Branche ein Unternehmen tätig ist, wichtig sind die Rolle und die Position, die ein **Unter-nehmen** in der **Lieferkette** einnimmt. Diese Rolle und ihre Veränderung über die Zeit definiert die unter-nehmerischen Herausforderungen. Es geht darum, zu verstehen, dass man in **dynamischen Abhängig-keiten** von anderen **Netzwerkpartnern** steht und die eigenen Prozesse und Lösungen entsprechend dar-auf ausrichtet. Netzwerke zu schaffen, sich smart mit anderen Marktteilnehmenden zu vernetzen, um effizient, flexibel und erfolgreich im Markt zu agie-ren, ist dabei wesentlich.

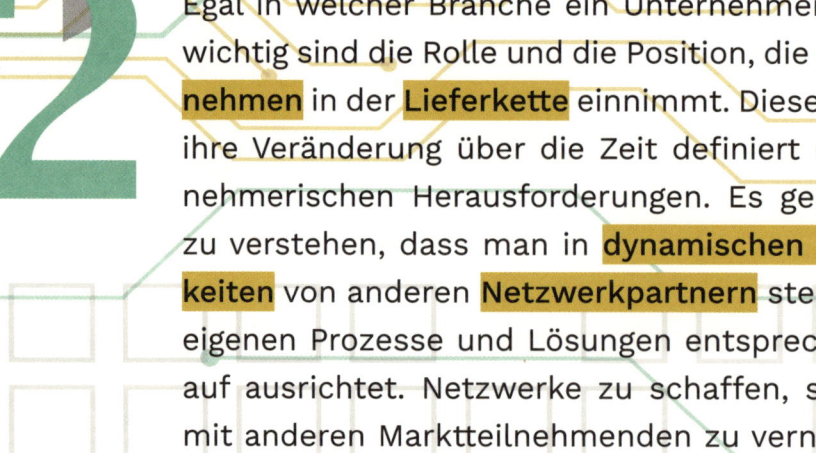

MARTINA MERZ &
ILSE HENNE

Digitalisierung muss mehr sein als der Lack auf einer Karosserie, sie muss vor allem unter der Motorhaube stattfinden – mit den richtigen **kulturellen Rahmenbedingungen**, nah am Geschäft, von der Kundschaft her gedacht, unter Berücksichtigung des **inhaltlichen Kontexts** und mit **fachlicher Expertise**.

3 Takeaways

Die Digi-
talisierung

der **Pharmaindustrie –** **das** Gesundheitswesen **transformieren**

Stefan Oelrich ist seit Ende 2018 Mitglied des Vorstands von Bayer und Leiter der Pharmaceuticals Division. Er begann seine Karriere bei der Bayer AG, wo er in verschiedenen Positionen im In- und Ausland tätig war. 2011 wechselte er zu Sanofi und war dort zuletzt Mitglied des globalen Executive Committee des Unternehmens. Ehrenamtlich ist er im Aufsichtsrat der Charité und in dem Berliner Institut für Gesundheitsforschung tätig.

D ie Coronapandemie hat uns unmissverständlich klargemacht, dass eine gut funktionierende Gesundheitsversorgung der Schlüssel zu unserer Freiheit, ja sogar unserem Wohlstand ist. Sie hat auch unter Beweis gestellt, wie wichtig das Zusammenwirken von Wissenschaft, Biologie und digitalen Technologien ist.

Die Entwicklungen der vergangenen zwei Jahre haben gezeigt, welche besonderen Auswirkungen biopharmazeutische und digitale Innovationen auf unser Leben haben. Wissenschaftler sequenzierten das Genom des Coronavirus binnen Tagen, teilten ihre Erkenntnisse ▸

binnen Wochen mit der ganzen Welt und brachten binnen eines Jahres die ersten Impfstoffe an den Start. Arztsprechstunden verlagerten sich ins Internet, Patient:innen für klinische Studien konnten aus der Ferne rekrutiert und zu Hause betreut werden. Smartphonebasierte Programme zur Diagnose und Kontaktnachverfolgung kamen auf. Sicher, es war nicht alles von Anfang an perfekt, aber Technologie und Biotechnologie wirkten plötzlich zusammen und begleiteten so die Menschheit durch die schlimmste Pandemie seit über einem Jahrhundert. Und: Die in dieser Zeit etablierten digitalen Instrumente werden fortlaufend weiterentwickelt, angepasst und verbessert – womit die Flexibilität und Agilität digitaler Technologien insgesamt unter Beweis gestellt wird.

Die Digitalisierung hatte die Pharmaindustrie bereits vor Corona erfasst – wenngleich die Entwicklung langsamer erfolgte als in anderen Wirtschaftszweigen. Die Pandemie hat allerdings die digitale Transformation des Gesundheitswesens, der Arzneimittelforschung und -entwicklung nun geradezu befeuert. Die „Bio-Revolution" – das Verschmelzen von Biowissenschaft und Digitaltechnologie – mit all ihren Implikationen und Chancen wurde vom Konzept zur Realität. Diese Revolution hilft uns nicht nur bei der Bekämpfung globaler Gesundheitskrisen wie der Coronapandemie, sondern auch bei der Bewältigung von Problemen im Zusammenhang mit Lebensmittelversorgung, Klimaschutz und nachhaltiger Industrieproduktion.

In der Pharmaindustrie verändern digitale Instrumente und Daten die Herangehensweisen und Prozesse: Wie wir Wirkstoffe entdecken, wie wir Medikamente entwickeln, welche Arten von Therapien wir anbieten können und wie sie letztlich Patient:innen zur Verfügung gestellt werden. Fortschritte in der Molekularbiologie, der Chemie und Genomforschung, unterstützt durch die Tools der Datenanalyse, ermöglichen heute Präzisionsarzneimittel, die auf eine bestimmte genetische Veranlagung zugeschnitten sind. Digitalisierung hilft uns auch bei der Entwicklung personalisierter Gesundheitslösungen, indem sich eine bestimmte Medikation mithilfe der über Mobilgeräte gewonnenen Informationen und einer intelligenten Alltagsunterstützung kombinieren lassen. Diese Lösungen ermöglichen es Patient:innen, ihre Krankheit noch besser in den Griff zu bekommen.

Die Bio-Revolution verleiht außerdem Prävention und Frühdiagnose einen deutlich höheren Stellenwert. Indem wir Krankheits-Biomarker bestimmen, genetische Mutationen analysieren oder über Wearables gewonnene Gesundheitsdaten auswerten, können wir bereits im Vorfeld früheste Krankheitsanzeichen erkennen. So können wir im Idealfall einem Krankheitsausbruch vorbeugen, anstatt Menschen im Nachhinein zu behandeln, wenn sie schon Krankheitssymptome entwickelt haben. Radiolog:innen etwa setzen bereits heute Algorithmen ein, die sie in der Bildanalyse unterstützen, um so verlässlichere, frühzeitigere Diagnosen zu stellen.

Diese Entwicklung in Richtung einer stärkeren Prävention und Personalisierung ist nicht nur besser für jede Einzelne bzw. jeden Einzelnen, sondern auch entscheidend für die Nachhaltigkeit unserer Gesundheitssysteme und Volkswirtschaften – besonders wenn man Faktoren wie eine alternde Bevölkerung und die Zunahme chronischer Erkrankungen bedenkt.

Diese Veränderungen wirken sich auch auf die Pharmaindustrie aus.

Digitalisierung optimiert die pharmazeutische Forschung und Entwicklung

In der Arzneimittelforschung nutzen viele Pharma- und Biotechnologieunternehmen Künstliche Intelligenz, um neue sogenannte Zielmoleküle für innovative Medikamente zu identifizieren. Computerprogramme sind in der Lage, in kürzester Zeit Zusammenhänge in riesigen Mengen von Molekular- und Gesundheitsdaten zu erkennen – viel besser, als das ein menschliches Gehirn jemals könnte.

Neben der Verarbeitung großer Datenmengen helfen Algorithmen dank maschinellen Lernens bei der Entwicklung neuer synthetischer Moleküle, indem sie deren Eigenschaften und Verhalten antizipieren. Computermodelle können sogar simulieren, wie ein neues Medikament im menschlichen Körper reagieren wird. Bayer arbeitet dabei mit mehreren Partnern zusammen, um die Potenziale dieser neuen Möglichkeiten voll auszuschöpfen. Vor kurzem hat Bayer zum Beispiel Vividion Therapeutics übernommen, ein Biotech-Unternehmen mit Sitz in den USA. Mithilfe fortschrittlichster Technologie und eines integrierten Datenportals kann Vividion neuartige Bindungsstellen in krankheitsrelevanten Protein-Targets identifizieren, die derzeit noch als nicht behandelbar gelten. Normalerweise können kleine Moleküle etwa 90 Prozent aller bekannten krankheitsauslösenden Proteine gar nicht ansprechen. Aber durch sich ständig verbessernde Algorithmen können wir nun umso schneller und effizienter geeignete Arzneimittelkandidaten identifizieren. Die Digitalisierung eröffnet uns so eine völlig neue Dimension in der Arzneimittelforschung und -entdeckung.

Bei klinischen Versuchen wird die Auswirkung digitaler Technologien in Forschung und Entwicklung ganz besonders sichtbar. Diese Versuche sind typischerweise die kostenintensivste und zeitaufwendigste Phase in der Arzneimittelentwicklung. Und sie stellen auch höchste Anforderungen an ▶

97

die teilnehmenden Patient:innen. Das Pandemiegeschehen hat sich auf viele dieser klinischen Versuche negativ ausgewirkt, aber Hoffnung machte der beschleunigte Ausbau virtuell oder dezentral durchgeführter klinischer Studien. Bei diesen kommen Software und Sensoren zum Einsatz, um Patient:innen bequem zu Hause virtuell zu betreuen, sodass sie nicht in eine Klinik kommen müssen.

Eine solche Datenerfassung aus der Ferne war schon vor der Pandemie technisch machbar. Aber unsere Branche hatte diese Möglichkeit bisher nicht wirklich aktiv verfolgt. In der Pandemie konnten nun einige der damit verbundenen Bedenken und Hemmschwellen überwunden werden: Aufsichtsbehörden zeigen sich zunehmend offen für Studien, die teilweise oder sogar gänzlich aus der Ferne durchgeführt werden, was diesen Ansatz sicher umso populärer machen wird. Eine gute Nachricht für die teilnehmenden Patient:innen, die dann zu Hause bleiben und dennoch Kontakt mit dem Studienpersonal halten können. Auch die Pharmaindustrie kann so wesentlich einfacher und besser Patient:innen für klinische Studien rekrutieren – und zwar unabhängig von deren Wohnort. Die Digitalisierung von Gesundheitsdaten und der Fortschritt in der Präzisionsmedizin ermöglichen es uns zudem, schneller diejenigen Personen ausfindig zu machen, die am ehesten von einem bestimmten Prüfpräparat profitieren würden. Das kann bedeuten, dass sich eine Studiendauer verkürzt bzw. weniger Teilnehmende benötigt werden, um zu zeigen, dass eine Behandlung anschlägt.

Bessere Daten können weitere Vorteile für Studienproband:innen bedeuten. Normalerweise erhält eine Gruppe von Patient:innen im Rahmen einer klinischen Studie ein Placebo oder gar keine Behandlung. Diese sogenannte Kontrollgruppe wird benötigt, um die Wirkung einer experimentellen Behandlung nachzuweisen. Inzwischen gibt es Beispiele für „externe" oder „synthetische" Kontrollgruppen, die unter Nutzung hochwertiger digitaler Gesundheitsdaten aus der täglichen klinischen Praxis zusammengestellt werden. Dies kann auch bei Studien mit neuartigen Medikamenten im Zusammenhang mit Krebserkrankungen im Endstadium oder seltenen Krankheiten helfen, da es unethisch sein könnte, Personen in eine Kontrollgruppe aufzunehmen, wenn auch nur eine geringe Möglichkeit besteht, dass die aktive Behandlung wirkt.

Instrumente zur Analyse von Gesundheitsdaten helfen uns auch, die Sicherheit und Wirksamkeit von Arzneimitteln nach ihrer Zulassung besser zu verfolgen und nachzuvollziehen. Künstliche Intelligenz kann beispielsweise große Mengen schriftlicher Aufzeichnungen oder Texte schnell analysieren und daraus Anzeichen für potenzielle unerwünschte Wirkungen eines Arzneimittels vorzeitig erkennen.

Letzten Endes verkürzen diese digitalen und biowissenschaftlichen Innovationen die Entwicklungszeit, senken die Kosten und erhöhen die Sicherheit. Das Ergebnis ist ein schnellerer Zugang zu neuen Arzneimitteln für Patient:innen, die bisher nur unzureichend behandelt werden konnten.

Jenseits der Medizin: Integrierte Versorgung und digitale Therapeutika

Digitale Technologien beschleunigen die Entwicklung traditioneller Arzneimittel erheblich. Sie eröffnen gleichzeitig völlig neue Lösungen für die Gesundheitsversorgung.

Viele Erkrankungen sind zu komplex, um sie allein mit Medikamenten zu behandeln. Die Häufigkeit von Diabetes, Herzerkrankungen, Fettleibigkeit und anderen chronischen Krankheiten nimmt in unserer Gesellschaft stetig zu, wobei es bereits effektive Behandlungsmöglichkeiten gibt. Solche gesundheitlichen Herausforderungen erfordern eine Kombination von alltags- und verhaltensunterstützenden Maßnahmen zusammen mit Medikamenten, und zwar geschnürt zu einem Paket, das bequem, niederschwellig zugänglich und benutzerfreundlich ist. Hier beteiligt sich die Pharmaindustrie und lernt von verbraucherorientierten Technologie- und Digital-Health-Akteuren, um Lösungen für eine integrierte Versorgung zu entwickeln, die mehr Menschen erreichen und gleichzeitig sicherstellen, dass Medikamente optimal eingesetzt werden.

Bayer arbeitet beispielsweise mit dem US-amerikanischen Digital-Health-Unternehmen One Drop zusammen, dessen smartphonebasierte Plattform Menschen mit Diabetes, Prädiabetes, Bluthochdruck, hohem Cholesterinspiegel und Gewichtsproblemen eine personalisierte Beratung, Tipps für den individuellen Lebensstil und Erinnerungen zur Medikamenteneinnahme bietet. Die Plattform lässt sich mit Geräten koppeln, die den Blutzuckerspiegel, die körperliche Aktivität und vieles mehr beobachten. Sie ist eine von vielen Möglichkeiten, die Patient:innen bei der Bewältigung ihrer Krankheit unterstützen zu können, ohne ihren Alltag zu beeinträchtigen.

Dieser neuartige digitale Ansatz in der Gesundheitsversorgung hat auch Auswirkungen auf den Umgang mit anderen Krankheitsbildern – etwa Herzinsuffizienz, Alzheimer oder Angstzuständen. Bayer und One Drop haben kürzlich in den USA ein durch Künstliche Intelligenz gestütztes Instrument zur Vorbeugung von Herzerkrankungen auf den Markt gebracht. Es erfasst über eine vernetzte Armbanduhr, Blutdruckmanschette oder Waage zentrale Gesundheitsdaten und entwickelt darauf ▸

basierend eine Beratung für die Herzgesundheit. Die Billionen von Gesundheitsdaten, die durch diese Instrumente – oft lückenlos und in Echtzeit – ausgewertet werden können, helfen Wissenschaftler:innen und Ärzt:innen, einen typischen Krankheitsverlauf und die oft unterschiedlichen Ausprägungen bei Patient:innen besser nachzuvollziehen. Und das wird in Zukunft zu individuelleren und wirksameren Gesundheitslösungen für Einzelne führen.

Ein weiterer zentraler Vorteil digitaler Gesundheitsinstrumente ist ein besserer Zugang zur Gesundheitsversorgung an sich. In einigen Entwicklungsländern der Welt werden heute Smartphonekameras eingesetzt, um Personen in ländlichen Gebieten auf Krankheiten wie diabetische Retinopathie, Katarakt oder Glaukom zu untersuchen. Überall auf der Welt können oder wollen Millionen von Menschen mit psychischen Erkrankungen wie Depressionen, Einsamkeit oder Sucht gar nicht erst zur Therapie gehen. Durch pandemiebedingte Lockdowns hat sich diese Situation noch verschärft.

Digitale Gesundheitsinnovationen haben damit enorme und vielschichtige Auswirkungen. Eine schnellere Entwicklung präziserer Arzneimittel, personalisierter Therapien und ein einfacherer Zugang zu Behandlungen führen zu besseren Ergebnissen und niedrigeren Kosten – für Einzelne, die Gesundheitssysteme und die Gesellschaft insgesamt. Deshalb sind diese Innovationen von zentraler Bedeutung für die Gesundheitsversorgung von morgen. Vor diesem Hintergrund arbeitet etwa Bayer, aber auch andere Unternehmen der Branche, mit Partnern aus dem Technologiebereich und dem Gesundheitswesen zusammen, um solche innovativen Konzepte in die Realität umzusetzen.

Digitalisierung in der Pharmaindustrie: Veränderungen und Herausforderungen

Interdisziplinäre Kooperation ist seit Langem ein Kernbestandteil des pharmazeutischen Innovationsprozesses. Um heutige und künftige digitale Chancen zu nutzen, müssen Pharmaunternehmen einmal mehr mit verschiedensten Stakeholdern zusammenarbeiten, unter anderem mit Big-Tech-, Small-Tech-, Data-Science- und Health-Firmen. Alle Beteiligten geben dabei unterschiedliche Impulse und bringen diverse Sichtweisen mit ein. Oft sind das agile, konsequent verbraucherorientierte Start-ups, die viele und kurze Entwicklungszyklen gewohnt sind. Zu bedenken ist aber, dass sich die Entdeckung und Entwicklung eines Medikaments fundamental von der Entwicklung etwa einer Smartphone-App unterscheidet. Verschiedene Ansichten, Meinungen und Expertisen miteinander zu vereinen kann hierbei eine Herausforderung darstellen. Gleichzeitig kann eine solche Interdisziplinarität eine Inspiration sein, Kreativität stiften und damit zu einem entscheidenden Ansporn für alle werden.

Die Digitalisierung hat die Pharmaindustrie außerdem dazu ermutigt, mit ihren konventionellen Partnern – also Gesundheitssystemen, Kostenträgern (etwa Versicherungen) und Leistungserbringern (etwa Ärzt:innen und Krankenhäusern) – noch enger zusammenzuarbeiten und Beziehungen aufzubauen, die mehr inhaltlich und weniger transaktionsbezogen sind. Digitale Kanäle ermöglichen es uns, die Bedürfnisse dieser Kunden und Partner noch besser zu verstehen und ihnen die gewünschten wissenschaftlichen und klinischen Informationen im richtigen Format und zur richtigen Zeit zu liefern.

Auch innerhalb der Pharmaindustrie hat Digitalisierung unsere Arbeitsweisen fundamental verändert. Neue Instrumente können dabei nicht einfach über herkömmliche Strukturen und Prozesse zur Anwendung kommen, sondern Digitalisierung fordert neue Strukturen, neue Prozesse, neue Fähigkeiten, neue Denkweisen. Auch wenn Veränderungen nie einfach sind, müssen wir uns diesen stellen und sie gestalten, damit Digitalisierung überhaupt gelingen kann.

In Deutschland stehen insbesondere zwei Herausforderungen im Mittelpunkt: der Ausbau der Gesundheitsdaten-Infrastruktur und der Aufbau von Vertrauen in die Technologie. An beiden Faktoren müssen wir dringend arbeiten. Viele Vorteile der digitalen Gesundheitsrevolution hängen vom Zugang zu exakten, qualitativ hochwertigen Patientendaten ab. Damit diese Daten gesammelt und verarbeitet werden können, müssen Patient:innen der Erfassung, Speicherung und Verwertung zustimmen. Und das gelingt nur dann, wenn sie Vertrauen in die Technologien und die dahinterstehenden Institutionen entwickeln – und deren Nutzen erkennen. Dafür ist in erster Linie eine gut ausgebaute Infrastruktur notwendig, damit Krankenhäuser, Arztpraxen, Labore und auch Patient:innen einfach auf Informationen zugreifen und diese effektiv nutzen können.

Die Ende 2019 in Deutschland ratifizierten Gesetze zur digitalen Gesundheit sind ein Schritt in die richtige Richtung. Aber ein rein digitales Gesundheitssystem haben wir längst noch nicht. Wir müssen die Bedenken der Menschen in Bezug auf Datensicherheit ernst nehmen und adressieren, indem wir noch besser erklären, wie Daten gespeichert, anonymisiert, verwendet und geschützt werden. Und wir müssen die unbestrittenen Vorteile eines anonymen und sicheren Austauschs dieser Daten noch besser aufzeigen. Denn viele Patient:innen geben Daten bereitwillig weiter, sofern ▶

sie den dahinterstehenden Nutzen für sich und andere verstehen.

Je mehr Daten uns also vorliegen und je mehr Daten wir digitalisieren, desto besser können wir Gesundheit, Krankheit und alle dazwischen liegenden Stadien durchdringen und verstehen. Im Ergebnis gelangen wir so zu wirksameren Arzneimitteln und Gesundheitslösungen, und zu einem besseren, kosteneffizienteren Gesundheitssystem für uns alle.

Die digitale Chance in Deutschland

Deutschland spielt eine wichtige Rolle bei der digitalen Revolution in der Pharmabranche. Wir haben hier innerhalb der Europäischen Union die leistungsstärkste Wirtschaft, die größte Bevölkerung und gleichzeitig den größten Pharmamarkt. Unser pharmazeutisches Erbe ist dabei eines der bedeutendsten der Welt. Die Digitalisierung in Deutschland hat spät begonnen, aber das Digitale-Versorgung-Gesetz hat einen radikalen und weitreichenden Anstoß gegeben. Darauf müssen wir jetzt weiter aufbauen!

Wir müssen Innovationen noch gezielter fördern. Deutschland braucht mehr Risikokapital und ein freundlicheres Umfeld für Start-ups, insbesondere im Bereich Biotechnologie, Technologie und digitale Gesundheit – denn unser Land hat die Talente, die Ausbildung und die richtige Kombination von Fähigkeiten, um das zu erreichen. Unternehmende aus allen Bereichen der Bio-Revolution sind aktive Gestalter:innen und damit der Schlüssel für ein digitales Gesundheitssystem. Wir bei Bayer tun, was uns möglich ist, um die Akteure dieses Gesundheits-Ökosystems zu stimulieren und zu aktivieren. Beispielsweise hat das G4A-Programm von Bayer seit 2013 Hunderte von wachsenden Biotech- und Digital-Health-Unternehmen unterstützt. Dabei hat sich wieder einmal gezeigt, dass das Engagement eines Einzelunternehmens nicht ausreicht. Deutschland braucht vielmehr einen interdisziplinären, systematischen Ansatz und entsprechenden regulatorischen Rahmen, um Innovationen zu fördern und zu unterstützen.

Die Pharmaindustrie spielt eine zentrale Rolle bei der Umstellung auf eine noch patientenorientiertere, nachhaltigere und zugänglichere Gesundheitsversorgung. Um die Chancen digitaler Technologie im Gesundheitswesen voll auszuschöpfen, ist die enge Zusammenarbeit von Biowissenschaftler:innen, Digital- und Datenwissenschaftler:innen, Gesundheitssystemen, politischen Entscheidungstragenden und auch der Öffentlichkeit dringend erforderlich. Und wir freuen uns darauf, daran mitzuwirken! ∎

STEFAN OELRICH

Top 4

Takeaways

Vier Handlungsfelder sollten gefördert werden, um unsere Gesundheitsversorgung in Deutschland weiter zu digitalisieren und die damit verbundenen Potenziale für alle auszuschöpfen:

1

Ein innovationsfreundliches Umfeld, einschließlich Anreizen zur Dynamisierung von Risikokapitalinvestitionen.

2

Klare politische Unterstützung für Biotechnologie und Digital Health als strategische Kernbereiche.

3

Angemessener regulatorischer Rahmen für Genomforschung, digitale Therapiemöglichkeiten, einschließlich Einsatz digitaler Instrumente.

4

Weitere Förderung der Digitalisierung des Gesundheitssystems, insbesondere der sicheren, verantwortungsvollen Erfassung und Integration von Gesundheitsdaten, einschließlich eines Governance-Rahmens für die Sicherheit von Gesundheitsdaten und den Einsatz Künstlicher Intelligenz.

Mittel-
ständische

Unternehmen, Digitalisierung, Frauen – ein Dreiklang für Erfolg

Brigitte Zypries war von 2002 bis 2009 deutsche Bundesministerin der Justiz in den Kabinetten Schröder und Merkel. Von 2005 bis 2017 gehörte sie dem Deutschen Bundestag als Abgeordnete an. Von 2013 bis 2018 war sie als Staatssekretärin im Bundesministerium für Wirtschaft und Energie tätig sowie von 2017 bis 2018 als erste Bundesministerin in diesem Ressort. Nach insgesamt 38 Jahren im öffentlichen Dienst, davon fast 20 Jahre als Mitglied der Bundesregierung und zwölf Jahre als Bundestagsabgeordnete, verabschiedete sie sich aus der Politik. Sie fokussiert sich seitdem auf die Förderung von Unternehmertum und Start-ups in Deutschland und engagiert sich ehrenamtlich, unter anderem in den deutsch-israelischen Beziehungen.

Deutschland ist eine Industrienation. Wir sind zu Recht stolz darauf, dass viele große Unternehmen des Weltmarktes aus Deutschland kommen und gleichzeitig etwa 1.600 kleinere Unternehmen, sogenannte Hidden Champions, in ihrem spezifischen Branchensegment Weltmarktführer sind [16]. Es war bisher unbestritten, dass Familienunternehmen in Deutschland nicht nur das Rückgrat der Wirtschaft bilden, sondern auch beliebte Arbeitgeber, faire Partner und nachhaltige Akteure in ihren jeweiligen Branchen sind.

Nun droht ihnen Ungemach: Eine Studie der Wirtschaftsprüfungsgesellschaft PwC aus dem Jahr 2021 zum Image deutscher Familienunternehmen kommt zu dem Schluss, dass diese Unternehmen bald von gestern sein könnten. Denn nur 61 Prozent der nach 1995 geborenen Generation Z halten Familienunternehmen noch für das Rückgrat der deutschen Wirtschaft, und sogar nur 54 Prozent sehen sie als Innovationsmotor [17]. Vor allem letzteres muss den Unternehmen zu denken geben: Wenn sie nicht mehr als innovativ und fortschrittlich angesehen werden, sind sie auch als Arbeitgebende für diese jungen Talente nur bedingt attraktiv. Diese Umfrage muss also ein weiterer Anstoß sein, um sich dringend mit den Folgen der Digitalisierung für das eigene Unternehmen auseinanderzusetzen.

Für die mittelständischen Unternehmen in unserem Land bedeutet das zunächst, dass sie erkennen müssen, was gerade passiert und was möglich ist. Digitalisierung ändert die Regeln – und das in einem Tempo, das uns oft schlicht den Atem nimmt. Sie führt zu enormen Veränderungen in praktisch jedem Bereich unseres Lebens. Egal ob im Kaufverhalten oder der Kommunikation, im Geschäftsleben oder der Arbeitswelt, in der Gesellschaft oder in den Medien. Alle Bereiche sind betroffen, jede und jeder muss wissen: Alles, was digitalisiert werden kann, wird letztlich auch digitalisiert werden. Aus dieser Erkenntnis heraus müssen Rückschlüsse auf das eigene Verhalten folgen. Was heißt das für mein eigenes Unternehmen? Wo informiere ich mich, und was kann ich tun, um meine Chancen im Wettbewerb zu erhalten oder zu erhöhen?

Bei einem Blick hinaus in die Welt lässt sich leicht feststellen, dass die Staaten durchaus unterschiedliche Wege in Richtung Digitalisierung eingeschlagen haben. Während etwa in den USA und in China große Plattformen entwickelt wurden, hat Europa und insbesondere Deutschland den vergleichsweise dezentralen, industriebezogenen Ansatz gewählt. Mit einem industriellen Anteil in Deutschland von etwa 26 Prozent gegenüber 18 Prozent in den USA – oder 15 Prozent im Rest von Europa –

liegt es auch nahe, dass wir unsere Anstrengungen auf den Erhalt und Ausbau der qualifizierten Arbeitsplätze in der industriellen Produktion richten[18].

Aber wollen wir in der Zeit der digitalen Transformation industrielle Arbeitsplätze erhalten, muss sich die Arbeit in unseren Fabriken, Produktionsstätten und Laboren ändern und weiterentwickeln. Wir müssen die Software in die Hardware integrieren und damit neue, zusätzliche Angebote schaffen. Das Internet of Things – oder wie wir in Deutschland zu sagen pflegen: die Industrie 4.0 – ermöglicht neue, über die bestehenden hinausgehende Geschäftsmodelle. Disruption, der radikale Wandel, oft hin zum Digitalen, liegt allerdings nicht unbedingt in der deutschen industriellen DNA. Uns geht es seit jeher vielmehr um reale Produkte, reale Arbeit, reale Innovation und reale Wertschöpfung. Deshalb fällt die Auseinandersetzung mit diesem Thema auch vielen Mittelständlern schwer – zumal die Auftragsbücher immer noch voll sind und mitunter nicht viel Zeit zur Reflexion übrig bleibt.

Die Politik hat in der 18. Legislaturperiode von 2013 bis 2017 reagiert: Um insbesondere dem deutschen Mittelstand die Veränderungen durch die Digitalisierung vor Augen zu führen, wurden 26 sogenannte „Mittelstand 4.0 Kompetenzzentren" eingerichtet[19]. Sie bieten deutschen Mittelständlern eine kompetente Anlaufstelle zur Information, Sensibilisierung und Qualifikation. Insbesondere kleine und mittelständische Unternehmen sowie Handwerksbetriebe werden durch Praxisbeispiele, Demonstratoren und Informationsveranstaltungen an greifbare Vorteile der Digitalisierung für ihr spezifisches Unternehmen herangeführt. Auch mithilfe der Begriffsbildung der Industrie 4.0, die auf der HANNOVER MESSE 2011 kreiert wurde und inzwischen international genutzt wird, ist es gelungen, Deutschland als einen entscheidenden Player bei der Umstrukturierung der Industrie durch digitale Anwendungen weltweit zu etablieren[20].

Mit der zunehmenden Digitalisierung ist aber auch ein weiteres Thema in den Vordergrund gerückt: Die Bedeutung der gleichwertigen Teilhabe von Frauen und der Mehrwert divers aufgestellter Teams. Frauen heute sind sehr gut ausgebildet: Mehr als die Hälfte der Menschen mit Abitur, der Studierenden mit Abschluss sowie rund 45 Prozent der Promovierenden in Deutschland sind weiblich[21]. Frauen stellen außerdem 46 Prozent unserer Erwerbstätigen[22].

Dies entspricht allerdings nicht ihrem Anteil an höheren Positionen in der Wirtschaft und der Gesellschaft. Rund 18 Prozent betrug der Frauenanteil in DAX-Vorständen im August 2021 nach der Erweiterung des Index um zehn Firmen aus dem MDAX, in Aufsichtsräten ▸

> **„Ein** strategisches Diversity Management mit **zielgerichteten Aktivitäten,** speziell auf das jeweilige **Unternehmen** mit seinen **Besonderheiten abgestimmt,** hat sich bewährt.

liegt er nach dieser Erweiterung bei 33 Prozent [23]. Diese im Vergleich zu Vorständen deutlich höhere Zahl ist auf das „Gesetz für die gleichberechtigte Teilhabe von Frauen und Männern an Führungspositionen in der Privatwirtschaft und im öffentlichen Dienst" aus dem Jahr 2015 zurückzuführen. Es legt eine Quote von mindestens 30 Prozent

Frauen in Aufsichtsräten voll mitbestimmungspflichtiger und börsennotierter Unternehmen fest [24]. Nach diesen positiven Erfahrungen hat der Gesetzgeber reagiert und auch für Vorstände gehandelt: Seit August 2021 gilt für Vorstände börsennotierter Unternehmen in Deutschland eine qua Gesetz verbindliche Frauenquote. Unter mindestens drei Personen im Vorstand muss eine Frau sein, spätestens wenn eine Neubesetzung ansteht.

Doch nicht nur die Großunternehmen haben Defizite. Bei den Familienunternehmen sind die Zahlen sogar noch schlechter: Nur rund 14 Prozent oder 68 der 500 größten Familienunternehmen in Deutschland haben überhaupt eine Frau in der Geschäftsführung oder im Vorstand. 432 von ihnen werden sogar von einer rein mit Männern besetzten Geschäftsführung oder einem rein männlichen Vorstand vertreten [25].

Diese Zahlen bilden jedoch nicht ab, was wir aus verschiedenen Untersuchungen wissen. Klar ist schon seit Langem, dass diversere Teams auch mit Digitalisierung besser umgehen und sie besser gestalten können. Frauen haben oft andere Problemlösungsstrategien und andere Arten der Zusammenarbeit als Männer. Vor allem weiblich geprägte Umgangsformen rund um Agilität und Innovationsfähigkeit sind in der digitalen Transformation konkret gefordert.

Weitere „typisch weibliche" Fähigkeiten wie Moderieren oder sich auf den tatsächlichen Kundennutzen anstatt auf das technisch Machbare zu fokussieren sind mehr denn je gefragt. Kooperation und Kommunikation sind wichtiger geworden als starre Führung und Hierarchiedenken.

Eine Studie der Unternehmensberatung Boston Consulting Group von 2019 belegt den Zusammenhang zwischen einem divers besetzten Topmanagement und der Innovationskraft von Unternehmen: Demnach schneiden unter den 100 größten börsennotierten Unternehmen die fortschrittlichsten 30 in Sachen Geschlechtervielfalt am Aktienmarkt um mehr als zwei Prozentpunkte erfolgreicher ab als der DAX-Durchschnitt [26]. Mehr als 1.000 Unternehmen in 15 Ländern hat wiederum die Beratung McKinsey im Jahr 2020 analysiert. Nach dieser Studie leisten Diversität und Inklusion einen wichtigen Beitrag für den Geschäftserfolg als Ganzes. Unternehmen mit hoher Gender-Diversität haben demnach eine um 25 Prozent und damit signifikant höhere Wahrscheinlichkeit, überdurchschnittlich profitabel zu sein. Wird der Faktor der ethnischen Diversität (genauer: Interkulturalität des Vorstands) betrachtet, liegt dieser Wert sogar bei 36 Prozent [27]. Vor allem in Krisenzeiten haben sich gemischte Führungsteams dabei besser bewährt. Ein entscheidender Faktor, um Diversität und damit auch den Unternehmenserfolg nachhaltig zu verbessern, ist laut der Studie eine offene und wertschätzende Unternehmenskultur.

Seit Jahrzehnten gibt es in Deutschland Anstrengungen, um einen besseren Gender-Mix in den Führungsetagen der Unternehmen herzustellen. Eine stark männlich geprägte Unternehmenskultur ist für Frauen – und letztlich auch für manche Männer – nicht attraktiv und oft werden Talente dabei übersehen oder gar nicht erst erkannt. Unternehmen können und müssen mehr tun, als auf die jetzt vorgegebenen Quoten der Gesetzgebung zu reagieren. Ein strategisches Diversity Management mit zielgerichteten Aktivitäten, speziell auf das jeweilige Unternehmen mit seinen Besonderheiten abgestimmt, hat sich bewährt.

Damit der Dreiklang aus Mittelstand, Digitalisierung und Frauen zum Erfolgsfaktor wird, muss jedes leistungsstarke und innovationsorientierte Unternehmen konsequent auf Diversität und Chancengleichheit hinarbeiten. Für die personelle Aufstellung der Unternehmen muss der Gleichstellung der Geschlechter ein strategischer Stellenwert eingeräumt werden. Denn nur so kann eine zeitgemäße und wertschätzende Organisationskultur gestaltet werden. Diese ist nicht zuletzt wichtig, um junge Talente anzusprechen und für das Unternehmen zu gewinnen. ■

Top 3

1

Mittelständler in Deutschland, oft **Familienunternehmen** und darunter viele sogenannte **Hidden Champions**, verlieren – trotz vielfach immer noch beeindruckender Marktpositionen und weltweit erfolgreicher Produkte – als Arbeitgeber für die Generation Z zusehends und nachweisbar an Attraktivität, auch weil sie aus Sicht **junger Talente** nicht mehr unbedingt für **Innovation und Fortschritt** stehen.

2

In der Industrienation Deutschland geht es uns seit jeher um reale Produkte, **reale Arbeit, reale Innovation** und reale **Wertschöpfung**. Bei der Digitalisierung hat Europa und insbesondere Deutschland einen vergleichsweise dezentralen, industriebezogenen Ansatz gewählt. Die **Industrie 4.0** ermöglicht nun neue, über die bestehenden hinausgehende Geschäftsmodelle. Jetzt müssen unsere Unternehmen die Software noch besser in die Hardware integrieren und Bewährtes mit **Innovativem clever verknüpfen**.

3 Takeaways

Divers besetzte Teams fördern vielfach nachweisbar die **Innovationskraft** in unseren Unternehmen. Auch der deutsche Gesetzgeber hat Fakten geschaffen, was die diverse Besetzung von Aufsichtsräten und Vorständen anbelangt, aber gerade im Mittelstand gibt es in dieser Hinsicht noch großen Nachholbedarf. **Die Chancen von Diversität** liegen auf der Hand – aber dem Thema muss in unseren Unternehmen oft noch der **strategische Stellenwert** eingeräumt werden, den es verdient.

Tech mit
Mehrwert

Über **Plattformökonomie** und **wertebasierten Einsatz** von Technologie

Angelika Gifford ist bei Meta als Vice President EMEA für die Geschäftsentwicklung von Plattformen wie Facebook, WhatsApp, Instagram und Messenger sowie Reality Labs in den Ländern Europas, des Nahen Ostens sowie des afrikanischen Kontinents verantwortlich. Bis Ende 2018 war sie Geschäftsführerin bei Hewlett-Packard (HP) für Software und Digitalisierung im deutschsprachigen Raum. Zuvor arbeitete Gifford mehr als 20 Jahre in verschiedenen Managementpositionen bei Microsoft im In- und Ausland, zuletzt als Mitglied der Geschäftsleitung von Microsoft Deutschland. Vom Manager Magazin wurde sie als eine der 100 einflussreichsten Wirtschaftsfrauen Deutschlands benannt. Gifford ist Vorstandsmitglied der Atlantik-Brücke und im Aufsichtsrat von thyssenkrupp tätig, vormals in den Aufsichtsräten von TUI, ProSiebenSat.1 und Rothschild.

Erinnern Sie sich noch an die Internettaste? Ich habe sie im Gedächtnis als eine vor zehn, zwölf Jahren noch verbreitete und bisweilen verspottete Erscheinung auf unseren damaligen Handys. Die meisten mieden diese Taste entweder gänzlich oder nutzten sie sehr spärlich, wurden doch allein beim Aufbau einer Browserseite schon satte Gebühren berechnet. Besonders, wenn man dabei noch im Italien- oder Frankreichurlaub war: Das Ergebnis war teuer – Stichwort innereuropäisches Roaming – und meistens nicht hilfreich, konnte ich mir doch nur schwerlich spontane Ausflugstipps einholen oder am Strand schnell eine Restaurantreservierung oder Mietwagenbuchung erledigen. Zumindest verbunden mit WLAN – sofern verfügbar und ohne Bezahlschranke – war das Abrufen von E-Mails gut machbar, und stark im Kommen waren sogenannte „Apps". So bin ich 2011 zum Versenden meiner ersten WhatsApp-Nachricht gelangt, sie ging an einen Arbeitskollegen. Mehr war nicht drin, denn die meisten meiner Kontakte hatten WhatsApp noch nicht für sich entdeckt. Angetan war ich dennoch von der Möglichkeit, plötzlich nicht mehr 19 Cent für 160 SMS-Zeichen bezahlen zu müssen.

Das sind Bruchstücke meiner Erinnerung an die frühen 2010er-Jahre. Die Schwänke aus unser aller halbdigitalen Vergangenheit zeigen die enorme Geschwindigkeit und tiefgreifende Natur einer Digitalisierung auf, die uns im letzten Jahrzehnt zu erfassen begonnen hat. Anfangs ging es oft um digitale Hardware: erst Entwicklungssprünge, dann Preisstürze, breitere Verfügbarkeit, steigende Popularität. Digital Readiness Level 1 sozusagen. Es folgte Stück um Stück die digitale Vernetzung vor allem privater Akteure, etwa durch Metas aufkommende Plattformen wie Facebook und Instagram, der Ausbau digitaler Basistechnologien, die rapide Skalierung digitaler Angebote, vor allem für Endnutzer:innen, und im Schlepptau die Transformation erster, vor allem endkundennaher Branchen, von Reisen über Handel bis zu Financial Services. Der Antrieb waren sicherlich die technischen Innovationen der Anbieter. Aber ebenso zentral war das Interesse und der Technologiehunger der Kund:innen, die mit großer Begeisterung zugriffen, installierten, experimentierten, neue Modelle und bessere Versionen einforderten.

Diese Phase der Digitalisierung haben wir hinter uns. Wirtschaft, Gesellschaft und Politik haben in dieser ersten Welle der digitalen Transformation vieles ausprobiert und gelernt, aber auch manche Entwicklungen versäumt oder falsch bewertet. Uns reizten vor allem die Geschwindigkeit und die grundstürzenden Implikationen der Digitalisierung. Aber ich bin überzeugt, dass uns die digitale Technologie unterm Strich stets mehr Vorteile als Nachteile beschert hat. An sich ist Technologie neutral, in ihr liegen immer sowohl Chancen als auch Risiken. Es kommt auf ihren richtigen Einsatz, ihre clevere Ausgestaltung und vor allem auf ein effektives regulatorisches, auch ethisches Rahmenwerk, einen gesellschaftlichen Konsens an, innerhalb dessen wir Technik anwenden.

Für mich wird diese Zweischneidigkeit in kaum einer Branche so deutlich wie in der Technologieindustrie selbst. Der Bereich, in dem ich seit 30 Jahren tätig bin, hat digitale Plattformen hervorgebracht, die enorme Möglichkeiten aufgezeigt, aber auch auf große Baustellen hingewiesen haben. Technologieunternehmen wie Meta sind erst durch digitale Tools entstanden, haben Digitalisierungswellen mit angestoßen und viele Techniken selbst mitentwickelt. Ich denke etwa an Cloud-Plattformen von Microsoft, Virtual Reality Headsets von Oculus, Machine-Learning-Systeme von IBM, digitale Werbe-Tools von Facebook für kleine Unternehmen. Heute treiben Unternehmen wie Meta andere, aber nicht geringere Herausforderungen um.

Zunächst aber ist der digitalen Technologie etwas zu eigen, das positiv zu bewerten ist: Skalierung. Für ein Auto etwa muss ich (immer teurer werdende) Rohstoffe und Einzelteile in weitläufigen Produktionsstätten und komplexen Verfahren miteinander verbinden und das Endprodukt nicht nur quer durch die Welt senden, sondern auch noch regelmäßig physisch warten. Bei den Produktgruppen vieler anderer Branchen sieht das ähnlich aus: Die Physis des Produkts beschränkt dessen Skalierung.

Eine solche Skalierung gelingt einem digitalen Service dramatisch leichter. Gibt es einmal ein solides Kernprodukt und stehen entsprechende technische Kapazität und Infrastruktur bereit, gehen Lokalisierung und Skalierung vergleichsweise leicht von der Hand. Neue Nutzer:innen in anderen Regionen werden schnell auf innovative digitale Tools aufmerksam, Anschaffungs- und Nutzungskosten sind vergleichsweise gering, solange ein (wenngleich simples) Endgerät und eine Anbindung an ein Datennetz vorhanden sind. Das ist in immer mehr Teilen der Welt der Fall. Heute verfügen mehr als 2,5 Milliarden Menschen weltweit über ein Smartphone mit Internetzugang. Updates zu digitalen Anwendungen werden fortlaufend ausgespielt, und wo in anderen Branchen noch ein:e Techniker:in anrücken oder der Kundenservice bemüht werden muss, geschieht ihre Einrichtung mit einem Fingertip.

Von den Möglichkeiten dieser Skalierung profitieren auch digitale Plattformen wie die von Meta. Sie eröffnen den beteiligten Akteuren durch hohe Reichweite enorme wirtschaftliche Chancen. Weltweit nutzen heute mehr als ▶

200 Millionen vorrangig kleine Betriebe unsere Plattformen, alleine 25 Millionen davon in der Europäischen Union (EU). Diese Unternehmen bleiben so mit ihren Kund:innen in Kontakt und wachsen in neue Märkte.

Viele wären ohne Zugang zu einer reichweitenstarken digitalen Plattform (was mitnichten eine von Meta sein muss) am Markt gar nicht erst sichtbar. Das gilt für die hippe Rucksacknäherei aus Villingen-Schwenningen ebenso wie für das Beauty-Start-up aus Berlin, den Biolebensmittel-Bringdienst aus der Hamburger Garage oder den Food Truck, der durchs Rhein-Main-Gebiet tingelt. Mit konventionellen Absatzkanälen von der Postwurfsendung bis zur Plakatwand und Zeitungsanzeige kann kaum einer dieser Betriebe überleben. Ein Ansprachekanal für die Massen, das große Megafon, ist entweder gar nicht erst erreichbar oder viel zu teuer und selbst dann immer noch zu unspezifisch, mit hohen Streuungsverlusten in der Ansprache, zu träge für den hochdynamischen, individualisierten Markt des 21. Jahrhunderts. Selbst eine eigene Website zu bauen oder bauen zu lassen, zu unterhalten und im Dickicht des Internets zu vermarkten ist für ein kleines Unternehmen oft weder realistisch noch erschwinglich geschweige denn sinnvoll. Über eine digitale Plattform aber – und das kann auch ein regionaler digitaler Marktplatz

sein – kann ein Kleinunternehmen für einen Bruchteil von Kosten und Aufwand Interessierte zielgenau ansprechen und so Kontakt aufbauen und erhalten.

Genauso sorgen Plattformen für Vielfalt: Bei meinem letzten Alpentrip hätte ich niemals vom lokalen Mietwagenanbieter in Bergamo erfahren, sondern wäre beim weltweiten Platzhirsch gelandet – hätte ich den Lokalmatador nicht überhaupt erst auf einem digitalen Marktplatz entdeckt und dann sein Angebot mit dem des Großanbieters vergleichen können. Plattformen bringen uns oft näher heran an perfekte Marktbedingungen: viele Anbietende und Nachfragende, hohe Transparenz, gute Vergleichbarkeit, die Möglichkeit schnellen Handelns. So können wir sicher alle unsere eigenen kleinen Geschichten erzählen, in denen uns eine Plattform Inspiration und Vielfalt verschafft hat – von der versteckten Bodega im Sommerurlaub, dem erstklassigen Friseur im Nachbarort, dem gebraucht gekauften Regenmantel zwei Straßen weiter, dem handgeschmiedeten Amulett zwei Länder weiter.

Es geht aber nicht nur um Vielfalt, sondern um einen harten Wirtschaftsfaktor. Kleine und mittlere Unternehmen (KMU) tragen in Deutschland fast zur Hälfte (49 Prozent) zur nationalen Bruttowertschöpfung bei, in der EU sind es sogar 53 Prozent. Allein die 25 Millionen Kleinunternehmen in der EU, die unsere Plattformen nutzen, erwirtschaften einen Gesamtumsatz von 208 Milliarden Euro und sichern so rund 3,1 Millionen Arbeitsplätze. Auch viele der erfolgreichen Start-ups, die wir heute aus Deutschland kennen und die mittlerweile eine beachtliche Wirtschaftskraft entwickelt haben, wären nicht da, wo sie heute sind, wenn es keine digitalen Plattformen gäbe. Sie stehen beispielhaft für die Innovationskraft unseres Landes. Und gerade in Zeiten pandemiebedingt weniger besuchter Ladengeschäfte und sich verändernder Konsumgewohnheiten ist die Online-Erreichbarkeit und das digital abgeschlossene Geschäft über eine Plattform, zu der man keine großen Beitrittsschwellen überschreiten muss, für viele Kleinunternehmen sogar ein echter Rettungsanker.

Ebenso wie für Unternehmen wird eine digitale Plattform für Privatnutzende oft dann besonders attraktiv, wenn sie eine kritische Masse an Nutzer:innen erreicht hat und man ziemlich sicher sein kann, dass man diejenigen antrifft, mit denen man sich vernetzen möchte. Das kann eine über zwei Kontinente verstreute Familie sein, die sich an jedem Wochenende zur Zoom-Konferenz zusammenfindet; das kann mein berufliches Netzwerk sein, zu dem ich über LinkedIn Kontakt halte; das können Arbeitskolleg:innen sein, die täglich über die Teams-App konferieren, oder Trekking-Enthusiasten, die über

Facebook-Gruppen Lieblingstouren austauschen. Neben der virtuellen Präsenz und der digitalen Vernetzung schätzen Menschen an einer Plattform die Aggregation unzähliger Inputs aus diversen Quellen an zentraler Stelle. Sie nutzen sie, um Produkte zu entdecken, Angebote zu vergleichen und Services an zentraler Stelle abwickeln zu lassen. Weil die Inhalte kuratiert und Einzelpersonen personalisiert angesprochen werden, sind die Angebote individuell und entsprechend relevant. Ist das Schwungrad aus Angebot und Nachfrage erst einmal in Gang gesetzt, dann stellt sich schnell ein Netzwerkeffekt ein. Aus höherer Nachfrage wird ein breiteres Angebot und umgekehrt, die Nutzung wächst und stabilisiert sich.

Allein aus dem Netzwerkeffekt heraus entsteht aber noch lange keine Position ohne ernst zu nehmenden Wettbewerb. Ich denke an die diversen Konkurrenten in den Geschäftsbereichen von Meta, von Foto und Video über Messaging bis Online-Anzeigen und intelligente Brillen oder ähnliche Gadgets. All diese Märkte sind mitnichten aufgeteilt, und auch Plattformen stehen in hartem Wettbewerb, sowohl unter etablierten Anbietern als auch gegenüber schnell aufsteigenden Neulingen. Da sich die Bedürfnisse der Akteure rapide wandeln und Entwicklungen oder Neuerungen über Plattformen schnell skalieren, ist der Erfolg eines ▸

Digitalunternehmens aus den letzten zehn Jahren noch lange kein Garant für weiteren Erfolg in den nächsten zwei Jahren. Innovativ zu sein, nah an den Bedürfnissen der Nutzenden zu bleiben, ist Pflicht. „Agile at scale", sozusagen.

Zurück zu den praktischen Anwendungsmöglichkeiten einer Plattform. Man könnte die oben begonnene Liste leicht fortsetzen, aber blicken wir gesamthaft darauf: Allen gemein ist, dass zunächst das positive Potenzial von Technologie ausgeschöpft wird.

Das steht beispielhaft für einen für Digitalisierung so charakteristischen Idealismus, den ich vor allem in der Frühphase großer Plattformen erlebt habe, den von Meta eingeschlossen. In der zweiten Hälfte der 2010er-Jahre haben wir allerdings auch gesehen, wie eine an sich neutrale Technologie entweder unbewusst oder manipulativ durch Dritte zum Negativen eingesetzt werden kann, etwa zur Beeinflussung, Aufhetzung und Spaltung. Diese Tendenzen sind auch bei der Nutzung von Technologie erst einmal nichts Neues, sie sind so alt wie die Menschheit selbst. Aber die Erkenntnis daraus war: Die großen Vorzüge von Plattformen – niedrige Beitrittshürden, simple Nutzung, Vielfalt, Skalierung – können sich auch in einen Nachteil verkehren. Wir haben gesehen: In einem gänzlich wertfreien, unmoderierten digitalen Raum skalieren

die Chancen genauso stark und schnell wie die Risiken – und am Ende die Risiken vielleicht sogar schneller.

Höchste Zeit also, einen Blick in den digitalen Maschinenraum einer Plattform zu werfen: Dort muss die Ambition sein, Technologie so einzusetzen, dass man damit auch und gerade digitale Räume sinnvoll orchestrieren und gesellschaftliche Wertvorstellungen spiegeln kann. Dazu braucht es nicht nur Integrität der Handelnden, sondern auch ein holistisches Rahmenwerk, das einen gesellschaftlichen Konsens ebenso wie geltende Gesetze abbildet. Das bereitzustellen kann und darf letztlich aber nicht Rolle eines privaten Unternehmens sondern muss Staatsaufgabe sein. Doch daran scheiterte es lange Zeit in Deutschland und Europa.

Selbstverständlich kommt auch Plattformen selbst eine zentrale Rolle zu. Und anders als mancher glaubt, sind diese eben nicht pauschal rechtsfreie Räume, die sich gegen Regulierung sträuben oder bei denen Regulierung nichts auszurichten vermag. Für einige mag das so sein und das ist zu verurteilen, aber es gilt nicht gleich für alle. Bei Meta fordern wir beispielsweise seit Langem aktiv mehr politische Regulierung. Unser Interesse besteht darin, Nutzer:innen komfortable Plattformen, ein positives Umfeld zur Verfügung zu stellen, das möglichst frei von Hass und Falschinformationen ist. Auch unsere mittlerweile über 70.000 Mitarbeitenden weltweit nutzen unsere Services privat, und sie wollen sich ebenso wie andere in einem werthaltigen Umfeld bewegen. Darüber hinaus haben wir eine ganz natürliche ökonomische Motivation. Denn das Geschäftsmodell vieler Plattformen ist ein werbebasiertes, finanziert durch Anzeigen schaltende Unternehmen. Keiner dieser Kunden, mit denen ich täglich im Austausch stehe, hat ein Interesse daran, dass seine Werbung neben einem hetzenden Inhalt auftaucht und dass seine Marke am Ende damit assoziiert wird.

Wie lässt sich Technologie also einsetzen, um sowohl Nutzerinteraktionen innerhalb digitaler Plattformen effektiv und wertebasiert zu moderieren als auch mit über Plattformen gewonnenen Erkenntnissen – freilich aggregiert und anonymisiert – zu einem positiven gesellschaftlichen Ziel beizutragen? Drei Beispiele:

1. **Umgang mit Missinformation**
Auf der Facebook-Plattform etwa setzen wir Künstliche Intelligenz (KI) kombiniert mit menschlicher Intelligenz ein, um dem Problem aus zwei Richtungen zu begegnen. Einerseits kooperieren wir mit Fakten-Checkern – in Deutschland zum Beispiel mit den unabhängigen Nachrichtenagenturen dpa und AFP sowie mit dem Recherchekol-

lektiv Correctiv –, um Falschinformationen aufzuspüren, zu markieren, den Zugang zu ihnen zu erschweren und ihre Reichweite drastisch einzuschränken. Dabei stellen wir fest, dass 95 Prozent der Nutzer:innen diesem Urteil und den angezeigten Hinweisen vertrauen und sich die identifizierten Inhalte gar nicht erst ansehen. Andererseits stellen wir möglicher Falschinformation verlässliche Information gegenüber und bieten darüber hinaus an exponierter Stelle im Hauptmenü von Facebook eine große Auswahl an relevanten und verlässlichen Nachrichten, die sowohl algorithmisch zusammengestellt als auch redaktionell kuratiert sind (etwa in Deutschland durch die dpa).

Rund um andere Ereignisse mit dem Risiko von Falschinformation wie politische Wahlen oder die Coronapandemie geben wir Behörden und anderen offiziellen Einrichtungen wie der Weltgesundheitsorganisation (WHO) eine Bühne. Seit dem Pandemieausbruch haben wir über Facebook und Instagram an zwei Milliarden Menschen auf der Welt behördliche Informationen wie etwa Fallzahlen und Handlungsempfehlungen ausgespielt. Staatliche Stellen wie das Bundesgesundheitsministerium nutzten WhatsApp als offiziellen Infokanal, um Interessierten Neuigkeiten dort mitzuteilen, wo sie meistens erreichbar sind: direkt auf dem Handy. Mit verschiedenen Partnern versuchen wir ▸

außerdem Medienkompetenz zu fördern und haben neben Trainings und Schulungen bundes- und europaweite Kampagnen entwickelt, um Menschen Tipps zum Erkennen und Melden von Falschinformationen mitzugeben.

Digitale Tools lassen sich gleichsam einsetzen, um auf Plattformen Hintergründe offenzulegen, die andernfalls im Verborgenen blieben – etwa die Dynamiken und die Finanzierung hinter politischen Werbeanzeigen. Meta veröffentlicht beispielsweise jede einzelne politische und themenbezogene Anzeige in einer digitalen Anzeigenbibliothek. Sie ist für jede:n öffentlich online einsehbar, durchsuchbar und sieben Jahre zurückverfolgbar. Dabei werden direkt Verantwortliche, Zahlungsbeziehungen zur Finanzierung einer Anzeige sowie politische Motivationen offengelegt. Wer solche Werbung schaltet, muss außerdem einen gesonderten Legitimationsprozess durchlaufen und kann gar nicht erst in einem beliebigen Ausland registriert sein, sondern nur innerhalb des jeweiligen Landes beziehungsweise der EU. Damit ist politische Werbung online transparenter und sicherer als im Fernsehen oder in Printmedien.

Natürlich löst eine digitale Plattform mit solchen Tools nicht das generelle Problem von Desinformation im Internet. Aber, richtig eingesetzt kann Digitaltechnologie zumindest eine solche neue Dimension von Transparenz schaffen.

2. Unterstützung öffentlicher Gesundheitsvorsorge

Auch in der Medizin heben KI-Tools enorme Potenziale, von Operationen mit ferngesteuerter Feinrobotik bis zur Krebsfrüherkennung durch bildgebende Verfahren. Allein schon die über digitale Plattformen erhobenen, anonymisierten und aggregierten Daten leisten mittels KI-Analyse einen großen Wertbeitrag zur Lösung gesundheitlicher Probleme. Auch Daten von Meta werden weltweit in eng abgestecktem Rahmen und anwendungsfallbasiert von renommierten Wissenschaftler:innen ausgewertet, um sozioökonomische Entwicklungen festzustellen und Handlungsempfehlungen zu geben. 2020 hat Meta sämtliche Vorhersagemodelle für die Coronapandemie im Open-Source-Verfahren für Einsatzkräfte, Regierungen und Kommunen zur Verfügung gestellt. Über lokale Kooperationen wie etwa mit der Fakultät Mathematik und der Forschungsplattform Data Science der Universität Wien wurden KI-gestützte Prognosen entwickelt, wo und wie schnell sich das Virus in Österreich ausbreitet. In ähnlicher Weise kann skalierte Plattformtechnologie Blutspenden auf lokaler und regionaler Ebene orchestrieren. Facebook hat in Indien, Pakistan, Brasilien und Bangladesch – allesamt Länder mit geringer Blutspendequote – eine Funktion in seine App eingebunden, die freiwillige Spender:innen mit lokalen Krankenhäusern vernetzt, um Blutspenden zu organisieren – im Notfall binnen weniger Stunden.

3. Moderation von Online-Inhalten

Ein anderes Beispiel, das nicht nur, aber qua Größe auch Metas Services betrifft, ist der Kampf gegen unerlaubte Inhalte wie Hass und Hetze in digitalen Netzwerken. Auch diesem Thema lässt sich mit Technologie begegnen. Innerhalb der letzten Jahre hat Meta eine KI entwickelt, die inzwischen 97 Prozent der zur Prüfung eingehenden Hassredeinhalte automatisch schon aufspürt, noch bevor Nutzer:innen sie überhaupt melden könnten. Diese proaktive Erkennung und Bearbeitung durch KI lag 2017 noch bei nur 25 Prozent. Gleichzeitig zeigt dieses Beispiel jedoch die Grenzen von Technologie zur Orchestrierung digitaler Räume auf. Und zwar in zweierlei Hinsicht:

Erstens: Mensch und Maschine müssen in Partnerschaft miteinander arbeiten und nicht einander zu ersetzen versuchen. Vor allem bei der Beurteilung vergleichsweise komplexer Online-Inhalte wie Hass und Hetze spielen oft feine Aspekte wie Kontext, lokale Dialekte oder Text-Bild-Kompositionen eine Rolle. Das sind allesamt Faktoren, die selbst eine fortgeschrittene Technologie im Jahr 2022 noch nicht immer zuverlässig erfasst. An dieser Stelle arbeitet Meta mit menschlichen Expert:innen rund um die Uhr, die laut einer Untersuchung der EU-Kommission 96 Prozent aller Hassredemeldungen binnen 24 Stunden bearbeiten. Das ist branchenführend. Es kommt also besonders auf eine sinnvolle Verzahnung von Technologie und menschlicher Intelligenz an, um die jeweiligen Stärken zur Geltung zu bringen und Schwächen zu kompensieren. Während die Technik in Echtzeit große Mengen einfacher Fälle bearbeitet, verschafft sie den Expert:innen Freiraum für die Bearbeitung komplexer Einzelbeispiele. Gleichzeitig ist das ein Beispiel dafür, wie Technologie menschliches Arbeiten und damit Jobs nicht ersetzt, sondern unterstützt und weiterentwickelt.

Zweitens: Technologie – und ganz besonders solche, die weltweit skaliert – darf nicht im leeren Raum und im Zweifel nach Gutdünken eingesetzt werden. Es braucht einen rechtlichen Rahmen und einen gesellschaftlichen Konsens für ihre Anwendung. Ein Beispiel ist der Umgang digitaler Plattformen mit Hassredeinhalten: Letztlich geht es bei jeder Einzelentscheidung um eine mitunter diffizile Abwägung von Gütern – etwa Meinungsfreiheit gegen Sicherheit. Diese Abwägung könnte durchaus unterschiedlich ausfallen, je nachdem, wer sie wo und wie trifft. Eine bestimmte Aussage mag in Belgien als scharfer Witz aufgefasst werden, ▶

121

in Frankreich als schlimme Beleidigung und in den Niederlanden versteht man die Aufregung überhaupt nicht. Priorisiert man bei Grenzfällen Sicherheit höher als Meinungsfreiheit, dann besteht das Risiko einer „Zensur-Plattform". Bewertet man die Meinungsfreiheit höher, dann toleriert man im Zweifel Aussagen, die für viele nicht mehr tragbar sind.

Doch unabhängig davon, wie man Technologie oder Menschen in solchen Fällen entscheiden lässt: Es wird fast immer Beteiligte geben, die mit einem bestimmten Votum nicht einverstanden sind. Und eine effektive, global abgestimmte politische Regulierung gibt es bei problematischen Inhalten noch nicht umfassend. Bei Meta halten wir uns selbstverständlich an nationales Recht in den Landesgrenzen des jeweiligen Staates. Darüber hinaus haben wir ein Regelwerk erarbeitet, die sogenannten Gemeinschaftsstandards, die weltweit gelten und für jede:n online einsehbar sind. Und wir haben ein oberstes, unabhängiges Gremium eingesetzt, das sogenannte Oversight Board, das in besonders komplexen und richtungsweisenden Einzelfällen Entscheidungen über Inhalte trifft, die für Metas Plattformen bindend sind. Das Board ist mit Expert:innen divers besetzt aus Zivilgesellschaft, Wissenschaft, Medien und reflektiert Metas Anliegen, skalierte Entscheidungen über die Veröffentlichung von Inhalten so integer wie nur möglich zu fällen.

Ähnliches gilt für das Thema Datenschutz. Daten spielen eine immer größere Rolle in unserer Hochtechnologiegesellschaft, Datenschutz und Datennutzung gehen dabei Hand in Hand. Es kommt darauf an, Nutzer:innen so viel Wahlfreiheit wie möglich einzuräumen, und es braucht zum wirksamen Schutz von Privatsphäre und persönlichen Daten einen international gültigen Rechtsrahmen. Neue Datenschutzbestimmungen in den USA und auf der ganzen Welt könnten beispielsweise auf den Prinzipien der europäischen Datenschutz-Grundverordnung aufbauen. Analog braucht es Rechtssicherheit bei transatlantischen Datentransfers, die das Rückgrat der europäischen und globalen Wirtschaft darstellen und zahllose Dienste erst ermöglichen, die für unser tägliches Leben von grundlegender Bedeutung sind. Nachdem der Europäische Gerichtshof aber das EU-US Privacy Shield annulliert hat, braucht es dringend ein Nachfolgeabkommen. Denn der transatlantische Datenaustausch und die damit einhergehenden Wirtschaftsbeziehungen sind für Menschen und Unternehmen in Deutschland und Europa von fundamentaler Bedeutung. Es braucht also in jedem Anwendungsbereich von Technologie klare rechtliche Grundlagen und einen gesellschaftlichen Konsens, und beides frühzeitig und möglichst schritthaltend mit technologischer Entwicklung. Jede Unzulänglichkeit auf diesem Terrain gefährdet nicht nur unternehmerischen Fortschritt, sondern letztlich gesamtwirtschaftlichen Wohlstand und sozialen Frieden.

In diesem Zusammenhang ist auch das sogenannte Metaverse zu nennen, das nach der Vision vieler das mobile Internet in Zukunft ablösen wird. Wenngleich das Metaverse zunächst produkt-agnostisch ist, werden virtuelle Räume dabei eine große Rolle spielen, welche man mittels digitaler Tools wie Virtual und Augmented Reality (VR, AR) immersiv erleben kann. Man kann sich als Avatar mit anderen Menschen treffen, austauschen und zusammenarbeiten. Das Metaverse ist also kein Internet mehr, auf das man via Bildschirm blickt, sondern ein Internet, in das man wortwörtlich hineintaucht. Das Metaverse soll menschlichen Kontakt nicht ersetzen, sondern dabei helfen, die ohnehin online verbrachte Zeit sinnvoller zu gestalten. Dieses Tool kann letztlich den Zugang zu Bildungs- und Karrierechancen, Freizeit- und Kulturangeboten demokratisieren.

Diese aufkommende Technologie zeigt beispielhaft, wie wir als Wirtschaftslandschaft Deutschland, als Gesellschaft, aber auch als Staat vor die Welle des technologischen Fortschritts kommen müssen. Gerade weil ein Metaverse nicht über Nacht entstehen wird, sondern eine inkrementelle Entwicklung erfordert, gibt uns das die Chance zu diskutieren, wie wir eine solche Technologie eingesetzt wissen wollen und welche Leitplanken es dafür braucht. Nur so können Unternehmen am Ende digitale Tools, von einfacher KI bis zur Metaverse-Supertechnologie, so einsetzen, dass die Nutzenden im Mittelpunkt stehen, dass Inhalte angemessen moderiert, dass gesellschaftliche und wirtschaftliche Chancen realisiert, dass Risiken vorweggenommen und dass Gefahren eingedämmt werden – kurz: Tech mit Mehrwert.

Letztendlich ist ein solches vorausschauendes Handeln, das Führen solcher Diskussionen, die Schaffung solcher Grundlagen sogar essenziell für die Wettbewerbsfähigkeit unseres Wirtschaftsstandortes in Deutschland. Werden wir ein Land sein, das technologischen Entwicklungen weiter hinterherläuft, Gelegenheiten verpasst und Debatten verkompliziert – oder werden wir ein Land sein, das neue Entwicklungen antizipiert, Technologie gestaltet, Fortschritt umarmt, Talente und Kreativität anzieht, und letztlich echte digitale Verantwortung übernimmt? Am Ende dieser digitalen Dekade werden wir es wahrscheinlich wissen. ∎

Top 3

1

Wirtschaft – lokale Unternehmensstärke im globalen Markt: Über eine digitale Plattform können vor allem Kleinunternehmen und Start-ups ohne viel Aufwand Interessierte zielgenau ansprechen und Kontakte aufbauen oder erhalten. Plattformen sorgen für Vielfalt und bringen uns oft näher an perfekte Marktbedingungen, mit vielen Anbietenden und Nachfragenden, hoher Transparenz, guter Vergleichbarkeit und der Möglichkeit schnellen Handelns.

2

Gesellschaft – Datenpools für regionales Handeln: Über digitale Plattformen erhobene, anonymisierte und aggregierte Daten leisten mittels KI-Analyse einen Beitrag zur Lösung gesundheitlicher Probleme. Auch Daten von Meta werden weltweit in eng abgestecktem Rahmen und anwendungsfallbasiert von renommierten Wissenschaftler:innen ausgewertet, um sozioökonomische Entwicklungen festzustellen und Handlungsempfehlungen zu geben. 2020 hat Meta seine Vorhersagemodelle für die Coronapandemie im Open-Source-Verfahren für Einsatzkräfte, Regierungen und Kommunen zur Verfügung gestellt, um KI-gestützte Prognosen darüber zu entwickeln, wo sich das Virus wie schnell ausbreitet.

Staat – lokale Vordenker und globale Leitlinien: Die Datenschutz-Grundverordnung (DSGVO) etwa hat gezeigt, wie die Prinzipien einer europäischen Initiative zum Aufbau neuer Datenschutzbestimmungen und Technologieregulierung im Allgemeinen in den USA und auf der ganzen Welt beitragen konnten. Die gleiche Chance haben Deutschland und die EU nun etwa bei der Regelung des transatlantischen Datenaustauschs oder auch, wenn es darum geht, digitale Tools von KI bis zu Supertechnologien so einzusetzen, dass Nutzende im Mittelpunkt stehen, Inhalte angemessen moderiert, gesellschaftliche und wirtschaftliche Chancen realisiert, Risiken vorweggenommen und Gefahren eingedämmt werden.

3

Takeaways

Professionelle, dem

Menschen

zugewandte

Digitalisierung in der **Finanzwirtschaft** und darüber hinaus

Dr. Cornelius Riese ist Co-Vorstandsvorsitzender der DZ Bank, dem Spitzeninstitut der genossenschaftlichen Finanzgruppe in Deutschland. Zuvor war er als Unternehmensberater tätig. Im Rahmen zahlreicher Veröffentlichungen hat er sich mit den wesentlichen Trends der Finanzbranche, zum Beispiel mit der Industrialisierung, auseinandergesetzt. Ehrenamtlich setzt er sich in mehreren Stiftungen ein, insbesondere in den Bereichen Bildung, Forschung und bürgerschaftliches Engagement, sowie bei der Stiftung Aktive Bürgerschaft und dem Stifterverband für die Deutsche Wissenschaft.

In der Mitte des 19. Jahrhunderts entstanden hierzulande die ersten gewerblichen und ländlichen Genossenschaften. Über viele Jahrzehnte hat sich daraus unter anderem die genossenschaftliche Finanzgruppe der Volksbanken Raiffeisenbanken mit ihrem Spitzeninstitut DZ Bank entwickelt. Mittlerweile ist sie eine der tragenden Säulen der deutschen Finanzwirtschaft, neben privaten und öffentlich-rechtlichen Banken. Mit rund 30 Millionen Kunden und mehr als 18 Millionen Genossenschaftsmitgliedern nimmt sie eine wesentliche Rolle in der Unterstützung von Privatkund:innen, Gewerbetreibenden und Unternehmen in unserem Land ein. Dabei hat die Kombination aus Bankdienstleistungen, Versicherungsangeboten, Bausparen und Angeboten zur Wertpapieranlage eine lange Tradition – in unserem Fall bewerkstelligen wir dies über die Bausparkasse Schwäbisch Hall sowie die DZ HYP, DZ PRIVATBANK, R+V Versicherung, TeamBank, die Union Investment Gruppe, VR Smart Finanz und andere Spezialinstitute. Die gesamte Gruppe leitet die genossenschaftliche DNA aus Prinzipien wie Dezentralität, Hilfe zur Selbsthilfe und regionale Nähe, und diese Alleinstellungsmerkmale müssen wir auch in einer digitalen Dekade wie den 2020er-Jahren kontinuierlich weiterentwickeln.

In den letzten beiden Jahren hat die Coronapandemie zahlreiche Themen verändert und beschleunigt, beispielsweise mobiles Zahlen auf Kundenseite, aber auch die Digitalisierung unserer Angebote, Beratungen und Prozesse, mobiles Arbeiten in unseren Institutionen, und insbesondere die prägende Aufgabe der Nachhaltigkeit (mittlerweile gibt es praktisch kein Kundengespräch mehr, das sich nicht auch um Fragen der Nachhaltigkeit dreht). In Sachen Digitalisierung befindet sich eine Bank in einem permanenten Prozess, besonders in einem Umfeld sich rapide weiterentwickelnder Basistechnologien, zumal das Finanzwesen auch traditionell über eine hohe Technikaffinität verfügt.

Aus dieser Gemengelage lassen sich für uns als zweitgrößtes Bankinstitut in Deutschland fünf Themen ableiten, die uns hinsichtlich der Schaffung und Weiterentwicklung digitaler Grundlagen fortlaufend beschäftigen:

1. Leistungsfähige IT-Architektur

Zahlreiche Unternehmen in- und außerhalb der Finanzbranche leiden unter dem Erbe einer veralteten Struktur ihrer oft jahrzehntealten Basissysteme. Mit Blick auf Digitalisierung mag dieses Thema für den Betrachtenden zunächst eine gefühlt geringere Attraktivität entfalten, aber es gilt: ohne leistungsfähige Basis-IT kein positives Kundenerlebnis.

In Sachen Digitalisierung befinden sich Banken in einem permanenten Prozess, besonders in einem Umfeld sich rapide weiterentwickelnder Basistechnologien, zumal das Finanzwesen auch traditionell über eine hohe Technikaffinität verfügt.

Insofern kommt der laufenden Modernisierung der komplexen und miteinander verzahnten Anwendungslandschaft in der Finanzwirtschaft eine hohe Bedeutung zu. Die Erfahrung zeigt dabei – so auch in unseren Häusern –, dass ein intelligenter Rückbau der Altsysteme üblicherweise einem kompletten Replatforming zu bevorzugen ist. Die änderungsintensiven kunden- und parternahen Module werden beispielsweise über die Nutzung von Microservices flexibel entwickelt, auf- und ausgebaut, während das Kernbanksystem immer stärker in Richtung einer Buchungsmaschine im Hintergrund zurückgebaut wird.

2. Pragmatische Cloud-Nutzung

Die Nutzung von Cloud-Services unterschiedlichster Ausgestaltung und die Zusammenarbeit mit Hyperscalern wird oftmals als Heilsversprechen diskutiert (Hyperscaler sind Anbieter von IT-Ressourcen auf Basis des Cloud Computing, deren Ressourcen sich horizontal in hohem Maß skalieren lassen). Wir sehen dies eher als notwendige ▸

> **„Die Herausforderung für die Organisation besteht letztlich darin, parallel unterschiedliche Liefermodelle zu beherrschen und einen hohen Anteil agil umgesetzter Projekte anzustreben.**

Grundlagendienstleistung und pflegen damit einen pragmatischen Umgang. Letztendlich geht es schlicht um die Beschleunigung und Verbilligung von Entwicklungs- und Analyseleistungen. Wir gehen davon aus, den cloudbasierten Anteil unserer Anwendungslandschaft in den nächsten Jahren schrittweise von rund 25 Prozent auf etwa 60 Prozent zu steigern, und folgen damit keiner dogmatischen „Cloud only"-Strategie. Um Konzentrationsrisiken durch eine zu starke Angebotsabhängigkeit zu vermeiden, arbeiten wir außerdem immer mit mindestens zwei Dienstleistern zusammen.

3. Differenziert-agile Softwareentwicklung

Agilität in der Gestaltung von Organisationen und insbesondere im Softwareentwicklungsprozess ist unbestritten das Paradigma unserer heutigen Zeit. Die Herausforderung besteht aber darin, diesen grundlegenden Trend in angemessener, individueller, ergo intelligenter Form und nicht schablonenhaft auf das eigene Unternehmen zu übertragen. Einige Merkmale von Agilität sind außerdem alles andere als neu und sollten jeden Softwareentwicklungsprozess begleiten (und schon immer begleitet haben), etwa die enge, frühzeitige und institutionalisierte Zusammenarbeit von Fachbereichen mit der IT, unter konsequentem

Einbezugs einer Anwenderperspektive. In manchen Anwendungsfeldern, etwa bei größeren systemischen Migrationen, sollten sogar noch mehr die Prinzipien der klassischen Softwareentwicklung gelten. Die Herausforderung für die Organisation besteht letztlich darin, parallel unterschiedliche Liefermodelle zu beherrschen und einen hohen Anteil agil umgesetzter Projekte anzustreben.

4. Institutionalisiertes Trend-, Innovations- und Partnermanagement

Die Dynamik in der Entwicklung unseres technologischen und marktseitigen Umfelds ist durch Trend-Scouting, Innovations-Monitoring und die Beobachtung und Gestaltung des eigenen Netzwerkes aus möglichen und tatsächlichen Partnern nicht weniger als eine Regeldisziplin geworden, die es clever zu organisieren gilt und die intern einen hohen Stellenwert einnehmen muss. Dafür braucht es unserer Erfahrung nach eine spezielle Einheit, um sämtliche dieser Aktivitäten zu bündeln, die zur Sicherstellung dieser Aufgabe wiederum auf zielgenaue Softwarelösungen zurückgreift. Alleine im Umfeld von Fin-, Insur- und Prop-Techs hat die DZ Bank bereits mit rund 100 Kooperationspartnern zusammengearbeitet.

5. Regulierung

Regulierung ist in der Finanzindustrie ohne Frage ein elementarer Bestandteil. Wir haben nun als Branche einen Zeitraum von bald 15 Jahren Regulatorik hinter uns und sollten deshalb nicht in eine weitere dieser Wellen verfallen. Die positive Wirkung der bisherigen regulatorischen Maßnahmen hat sich in den Jahren 2020 und 2021 in der Stabilität der Finanzbranche klar bewiesen. Den bestehenden Umfang der Regulatorik effizient zu bewältigen, wird zunehmend flexible und effiziente Daten- und IT-Infrastrukturen erfordern.

Die Wirkung der Digitalisierung auf die Finanzbranche geht selbstredend deutlich über diese fünf digitalen Grundlagen hinaus, denn sie transformiert im wahrsten Sinne des Wortes ganze Geschäftsmodelle und damit Märkte. Vier Themenfelder stehen dabei für uns besonders im Vordergrund:

A. Convenience-Diktat: Die Omnikanal-Welt systematisch bespielen

Einer der zentralen Überzeugungsdiskurse unserer Branche ist, ob die Finanzdienstleistung einem ausschließlich dematerialisierten Endzustand entgegenstrebt oder nicht. Unsere Organisation vertritt die prognostische Ansicht, dass das digital-persönliche Finanzwesen in der Zukunft sowohl bei Privatkund:innen als auch bei Firmenkunden ▶

führend sein wird. Auf der einen Seite wird digitale Convenience in hoher Exzellenz gefordert, insbesondere was sogenannte Routinetätigkeiten anbelangt. Andererseits bringen auch in der Zukunft wichtige persönliche und unternehmerische Lebensentscheidungen und Weichenstellungen nach wie vor intensiven, personalisierten, persönlichen Beratungsbedarf mit sich. Führend wird aus meiner Sicht sein, wer diese beiden Anforderungsdimensionen in der Zukunft in der Omnikanal-Welt am besten miteinander vereint. Dies durchgängig sicherzustellen bildet deshalb eines der entscheidenden mehrjährigen Investitionsfelder unserer Organisation.

B. Embedded Finance: Verfügbarkeit am Point of Sale sicherstellen

Wir alle wissen, dass Finanzdienstleistungen nur in seltenen Fällen ein eigenes Primärbedürfnis darstellen. Meist haben sie einen dienenden Charakter für andere Vorhaben, die wir als Privatpersonen oder Unternehmen in Angriff nehmen. Das Phänomen der Digitalisierung vereint dabei zunehmend das Primärbedürfnis (etwa einen Kauf) mit dem unterstützenden Finanzbedarf (etwa einer Finanzierung oder einer Versicherung). Traditioneller Vorreiter ist an dieser Stelle der Konsumentenkredit, der bereits weitgehend in andere Wertschöpfungsketten integriert ist. Eine intelligente Positionierung der Finanzdienstleistenden in diesen neuen Ketten wird von zentraler Bedeutung sein.

C. Blockchain: Zukunftstechnologie beherrschen

Über spezifische Anwendungsfelder der Blockchain-Technologie und deren Zukunftsfähigkeit lässt sich durchaus diskutieren, beispielsweise über die sogenannten Kryptowährungen oder einen digitalen Euro. Eines steht jedoch aus meiner Sicht fest: Die Blockchain-Technologie wird insbesondere die gemeinsamen Prozessketten von Real- und Finanzwirtschaft verändern und letztlich effizienter machen. Blockchainbasierte Pilotprojekte – etwa im Kapitalmarkt, bei Schuldscheinemissionen oder im Auslandszahlungsverkehr – weisen hier bereits heute die Richtung. Hier kann die Devise nur heißen, zeitnah und praxisorientiert die erforderlichen Kompetenzen zu verstärken und die Lernkurve frühzeitig mitzugehen. Sinnvoll ist auch, dass sich die Europäische Zentralbank einem digitalen Euro als digitaler Alternative zum schrittweise an Bedeutung verlierenden Bargeld annähert. Wichtig wird sein, dass die Entwicklung des digitalen Euros umsichtig erfolgt und auch mögliche Herausforderungen für die Finanzstabilität berücksichtigt.

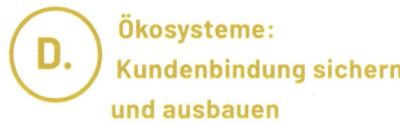

D. Ökosysteme: Kundenbindung sichern und ausbauen

Die bereits dargestellten Entwicklungen werden es Finanzdienstleistenden zunehmend erschweren, auch weiterhin Gestalter der sogenannten direkten Kundenschnittstellen zu sein, also unmittelbar an und mit den Kund:innen zu arbeiten. Unweigerlich stellt sich deshalb die Frage, wie diese Relevanz aus Kundensicht auch künftig sichergestellt werden kann. Eine hervorragende digital-persönliche Finanzdienstleistung ist sicherlich die Grundvoraussetzung dafür. Darüber hinaus stellt unsere Organisation bereits heute ein ganzes Ökosystem dar. Oftmals sind es Vertreter:innen der Volks- und Raiffeisenbanken, die in lokalen Wirtschaftsvereinigungen und Ehrenämtern tätig sind. Wir arbeiten daran, diese Ökosysteme in der digitalen Welt weiterzuentwickeln. Ein Beispiel stellt das regionalisierte Portal Wohnglück dar (unter anderem entwickelt von der Bausparkasse Schwäbisch Hall), das sich ganzheitlich der Lebenswelt Bauen und Wohnen widmet.

Letztlich sollten wir auch unsere gesamtwirtschaftliche und gesamtgesellschaftliche Diskussion zum Thema Digitalisierung endlich voranbringen, vor allem in zweierlei Hinsicht:

➤ Digitalstandort Deutschland stärken:

In vielerlei Bereichen, etwa im B2B-Umfeld, ist dieser durchaus besser als seine Reputation. Die wesentlichen Stellhebel sind dabei schon häufig beschrieben und auch angewendet worden, etwa in Form des FinTechRats der Bundesregierung oder des TechQuartiers in Frankfurt, um zwei Beispiele zu nennen. Am wichtigsten ist und bleibt aber aus meiner Sicht der Mensch, das heißt konkret: die Förderung der digitalen Bildung und die Attraktivität unseres Standortes für Talente aus den Bereichen Mathematik, Informatik, Naturwissenschaft und Technik (MINT). Auch Unternehmen müssen ihren Beitrag dazu leisten und notfalls das ausgleichen und verbessern, was von anderer Seite nicht ausreichend vorangetrieben worden ist. Darüber hinaus kommt unseren öffentlichen Institutionen eine klare Vorbildfunktion zu: Auch vor dem Hintergrund der Coronaerfahrungen tut eine digitale Modernisierungsoffensive für unsere öffentliche Verwaltung mehr als not.

▶

Regulierung in der digitalen Ökonomie voranbringen:

Die staatliche Regulierung großer Technologieunternehmen muss nicht mehr und nicht weniger erreichen, als dadurch unsere demokratische Grundordnung zu sichern, Kartelle zu vermeiden und die Interessen des Individuums zu schützen. Auch wenn sich insbesondere die politischen Institutionen der Europäischen Union bereits erste Verdienste auf diesem Gebiet erarbeitet haben: Die Anstrengungen sind noch nicht ausreichend und den großen Technologieunternehmen steht nun auch eine Dekade der Regulatorik bevor, wie sie die Finanzbranche gerade hinter sich gebracht hat. ∎

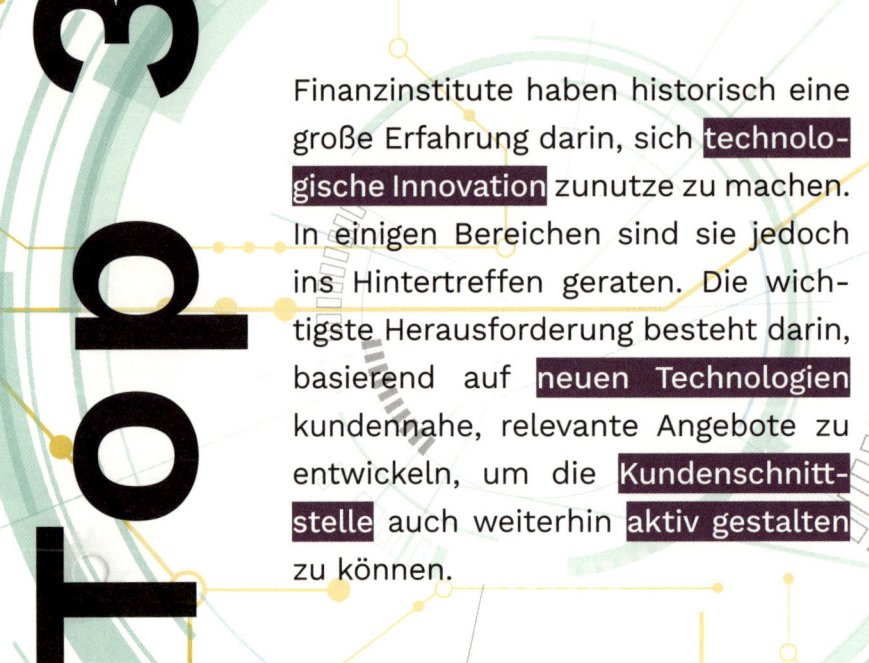

Top 3

1

Finanzinstitute haben historisch eine große Erfahrung darin, sich technologische Innovation zunutze zu machen. In einigen Bereichen sind sie jedoch ins Hintertreffen geraten. Die wichtigste Herausforderung besteht darin, basierend auf neuen Technologien kundennahe, relevante Angebote zu entwickeln, um die Kundenschnittstelle auch weiterhin aktiv gestalten zu können.

2 Eine klare Omnikanal-Strategie, Embedded Finance am Point of Sale, das Beherrschen von Zukunftstechnologien wie Blockchain sowie das Denken und Handeln in erweiterten Ökosystemen machen Finanzinstitute auch zukünftig erfolgreich.

3 In vielerlei Bereichen, etwa im B2B-Umfeld, ist der Digitalstandort Deutschland besser als seine Reputation. Es muss aber vor allem im Bereich Aus- und Weiterbildung junger, technikbezogener Talente deutlich mehr unternommen werden. Unternehmen und vor allem staatlichen Akteuren kommt dabei eine Vorbildfunktion zu.

Takeaways

Die
Hybrid–

Herausforderung

Über Arbeiten, **Motivieren** und **Führen** im digitalen Zeitalter

Professor Dr. Ulrike Detmers ist geschäftsführende Gesellschafterin und Vorsitzende der Geschäftsführung der Großbäckereigruppe Mestemacher. Seit 1994 verantwortet sie die Bereiche Marketing, Public Relations und Corporate Responsibility. Sie ist Initiatorin viel beachteter sozialer Aktivitäten zur Förderung der Gleichstellung von Frau und Mann in Wirtschaft und Gesellschaft. Detmers setzt sich für die Karriereförderung von Frauen ein und verleiht den Mestemacher Preis „Managerin des Jahres" in Deutschland. Detmers ist seit 2008 Trägerin des Verdienstordens der Bundesrepublik Deutschland. Als erste Frau in der 60-jährigen Geschichte wurde sie als Branchenpersönlichkeit im November 2018 von der Lebensmittel Zeitung mit dem „Goldenen Zuckerhut" ausgezeichnet. Sie ist Präsidentin des Verbands Deutscher Großbäckereien.

Ohne Mitarbeitende wäre jedes Unternehmen dieser Welt nichts als eine leere Hülle. Es sind die Ideen und Beiträge, die Antriebskraft und Energie, die Leidenschaft und das Herzblut jeder und jedes Einzelnen, die ein Unternehmen zum Leben erwecken, es inhaltlich und kulturell prägen, Produkte und Services nach vorne bringen und die unternehmerische Existenz in der globalen Wettbewerbsgesellschaft langfristig etablieren.

Führung, Anleitung und Weiterentwicklung der Mitarbeitenden ist deshalb – wenngleich noch immer oft unterschätzt – nichts anderes als ein zentraler Treiber für den Gesamterfolg eines Unternehmens. Gerade in Zeiten eines in vielen Bereichen florierenden Arbeitsmarktes und eines sich vor allem in digitalen Kompetenzen zuspitzenden Fachkräftemangels kommt es darauf an, Talente nicht nur für ein Unternehmen zu rekrutieren, sondern auch langfristig zu halten – das heißt, auch in hybriden Arbeitswelten anzuleiten, zu vernetzen und zu führen, und sie damit fachlich und persönlich weiterzuentwickeln. Führungskräften von heute und morgen kommt damit wie nie zuvor die Rolle eines Coaches und Mentors zu, die eines kritischen Freundes, ja sogar die eines Beratenden – und gleichzeitig immer noch die Rolle des oder der Steuernden, Koordinierenden, Impulsgebenden, auch Antreibenden.

Doch wodurch zeichnet sich eine Mitarbeiterführung in der digitalen Dekade der 2020er-Jahre im Detail aus? Sie muss sich ganz besonders um Ziele drehen – Ziele, die vor allem in dynamischen Zeiten wie diesen, in Zeiten von Eigenverantwortung und vernetzter Arbeit eine Richtung und eine Orientierung geben. Es braucht dazu ein ganzes System aus Zielen, das sich von der Unternehmensmission ableitet, ambitioniert gestaltet, konsistent aufgesetzt, gut kommuniziert ist und stringent nachgehalten wird. Es muss aus Kollektiv- und individuellen Zielen über die verschiedenen unternehmerischen Funktionen hinweg bestehen. Einzelne Abteilungen oder Teams stellen dafür ihre eigenen, durchaus in Teilen unterschiedlichen Ziele auf, die alle zusammen wiederum zu einem unternehmerischen Kollektivziel beitragen. Darunter hat jede:r einzelne Mitarbeitende Individualziele.

Die erste Aufgabe der Führungskraft von heute muss deshalb sein, diese unterschiedlichen Ziele nicht nur aufzustellen, sondern clever miteinander zu verknüpfen, um damit Struktur und Richtung für den jeweiligen Wirkungsbereich vorzugeben. Damit ist allerdings keineswegs gemeint, auch den Weg zum Ziel und die konkreten Tätigkeiten vorzugeben. Das Gegenteil ist der Fall: Es braucht in den 2020er-Jahren mehr denn je bewusst Raum für Entfaltung, Kreativität, Fehler und Lernen, ja sogar für schöpferisches Chaos – solange mittels Zielen und Zielsystemen grobe Bahnen und Meilensteine vorgegeben sind, in welche Richtung, worauf hinzuarbeiten ist.

So sehr Ziele diese Orientierung geben und geben müssen, darf nicht in Vergessenheit geraten, dass sie über die Zeit in einem dynamischen Unternehmensumfeld fortlaufend angepasst und nachgeschärft werden müssen. Darüber hinaus gilt: Ein Ziel ist erst dann klar genug formuliert, wenn es für jede und jeden, die oder den es betrifft, verständlich ist. Das ist vor allem dann wichtig, wenn Mitarbeitende nicht mehr alle zur selben Zeit in einem Großraumbüro mit kurzen Wegen versammelt sondern physisch und virtuell verstreut sind. Nur dann, wenn alle das gleiche Zielverständnis haben, können alle gemeinsam am viel zitierten Strang ziehen. Letztlich läuft bei der Zieldefinition daher alles auf fünf Komponenten hinaus, die viele Unternehmen heute schon anwenden: SMART, im Sinne von spezifisch, messbar, akzeptiert, realistisch, terminiert.

Sind die Ziele einmal gesetzt und wird auf deren Erreichung hingearbeitet, bleibt eine der zentralen und zugleich schwierigsten Aufgaben der Führungskraft die Motivation zur Leistung und die Erzeugung von Arbeitszufriedenheit. Qualifizierte Führungskräfte, aber auch Fachkräfte gehen im Idealfall sachlich, respektvoll und menschlich miteinander um und bauen darüber nachhaltiges Vertrauen zueinander auf. Schlussendlich kennzeichnet diese Interaktion eine gute und ertragreiche Partnerschaft. Gut, weil Teamgeist und Leistungswille entwickelt werden. Und ertragreich, weil aus ihr Werte, Wertschöpfung und Bestandssicherung resultieren.

Welche Eigenschaften sollte eine Führungskraft dafür mitbringen? Lange drehte sich die Personalphilosophie um drei sogenannte primäre Erfolgsfaktoren:

➤ Fachautorität:
Gemeint ist die fachliche Qualifikation, die im Verlauf der beruflichen Entwicklung aufgebaut und stabilisiert wird. Das fachlich bezogene Know-how und die damit verbundene Erfahrung versetzt Führende in die Lage, zu überzeugen und zu motivieren. Sie allein ist aber nicht ausschlaggebend für einen gesamthaften Führungserfolg.

➤ Persönlichkeitsautorität:
Primär handelt es sich um die charismatische Ausstrahlung leitender Mitarbeitender. Sie sind mitreißend, beeindruckend und schaffen Vertrauen. ▶

Sie tun etwas, sind Vorbild, und reden nicht nur. Oder um es wie die Schwaben zu sagen: „Schaffe, net schwätze".

➤ **Positionsautorität:**
Mit ihr werden die Verantwortlichkeiten, die Befugnisse und das Direktionsrecht zum Ausdruck gebracht. De facto besitzen Führungskräfte die Kompetenz, ihrem Fachbereich direkt und indirekt unterstellten Mitarbeitenden Aufgaben zu übertragen, zu kontrollieren und bei Bedarf zu sanktionieren.

So weit, so klassisch – ist doch in dieser Denkschule noch sehr viel von Autorität und wenig von heute umso erfolgskritischeren Kompetenzen wie emotionaler Intelligenz und Teamfähigkeit die Rede. Auch wenn diese Begrifflichkeiten den Start-ups und Vorzeigekonzernen unseres Landes wohlbekannt sind, gibt es nichtsdestotrotz gerade in der Breite unserer deutschen Wirtschaftslandschaft noch viele, auch kleine und mittelständische Unternehmen, bei denen die drei primären Erfolgsfaktoren (und nicht mehr) einer Führungskraft bis weit hinein in die 2000er und 2010er etabliert waren – und es vielleicht immer noch sind.

Spätestens aber mit Ausbruch der Coronapandemie hat der digitale Wandel und damit ein frappierender Kulturwandel binnen kurzer Zeit gefühlt auch das letzte Unternehmen in unserem Land erreicht. Flachere Hierarchien, agileres Arbeiten, vor allem aber ein höheres Maß an Autonomie und Eigeninitiative haben sich offenkundig auch dort etabliert, wo vorher noch klassisch geführt wurde.

Und es ist davon auszugehen, dass sich dieser Wandel (selbst dort) künftig nicht mehr (vollständig) zurückdreht. Denn die Talente von heute wollen in deutlicher Mehrheit flexible Arbeitsmodelle zur Verfügung haben: Das verdeutlicht etwa eine globale Studie des Jobportals StepStone und der Unternehmensberatung Boston Consulting Group, nach der 89 Prozent der Befragten mindestens teilweise remote arbeiten möchten [28]. Ein Haupttreiber ist dabei selbstverständlich das höhere Maß an Flexibilität und die oft bessere Vereinbarkeit von Familie und Beruf.

In dieser Gemengelage bleibt Leadership, Führungskompetenz, selbstverständlich nicht von Veränderung unberührt und ist vielleicht noch mehr gefragt als zuvor: Unsere Führungskräfte waren allerspätestens seit Pandemiebeginn praktisch gezwungen, ihre Methoden der Mitarbeiterführung und -motivation zu überdenken und teils anzupassen, um Erfolg und Zufriedenheit weiterhin zu garantieren: Der Begriff der digitalen, ja hybriden Führung machte die Runde, im Gegensatz zu klassischer, an physische Präsenz aller Mitarbeitenden gebundene Führung. Plötzlich waren manche im Büro, manche auf dem heimischen Sofa, manche im Ferienapartment, manche unterwegs. Vieles wurde probiert, einiges für gut befunden, manches verworfen, wieder anderes weiterentwickelt und verbessert.

Doch wie genau sollten Führungskräfte im digitalen Zeitalter führen? Es kommt ganz besonders auf die viel zitierten, in diesem Zusammenhang aber geradezu unschätzbar wichtigen Soft Skills an. Es geht um Empathie, Offenheit, Authentizität, situatives Führen und Reagieren auf die individuellen Umstände des Mitarbeitenden. Dazu gehört nicht nur eine Toleranz, sondern sogar eine proaktive Förderung von Eigenverantwortung. Und es geht darum, das Beste aus beiden Welten, aus Präsenz und Virtualität, clever miteinander zu verzahnen, sodass sich die Vorteile möglichst übertragen und die Nachteile eindämmen lassen. Das heißt auch, als Führungskräfte geeignete Formate und Anlässe gemeinsam mit dem Team zu definieren, mittels derer die Gruppe auch über physische Grenzen hinweg zusammenwächst, zusammenhält, sich als Gemeinschaft weiterentwickelt. Hier ist es mit bloßem Einfühlungsvermögen nicht getan, sondern braucht eine Vertrautheit mit gängigen und vor allem unkonventionellen digitalen Tools. Eine digitale

Klausurtagung mit Virtual-Reality-Brillen? Warum nicht! Ein digitales Team-Quiz, ein Live-Bingo über den Browser im Townhall Meeting? Sehr gerne! Ein morgendliches virtuelles Stand-up-Meeting mit Augmented-Reality-Filtern, in dem der eine als Fuchs und die andere als Löwin teilnimmt? Darf es auch mal sein!

Kommt all das zusammen, kann hybrides Führen und Arbeiten weit mehr als ein Pandemiebehelf sein, nämlich eine nachhaltig höhere Arbeitszufriedenheit und -motivation der Mitarbeitenden erzeugen. Tatsächlich haben die Universität Sankt Gallen und die Ersatzkasse Barmer in diesem Zusammenhang in einer Studie erhoben, dass für Befragte die Motivation um zehn Prozent und die Arbeitszufriedenheit um rund 48 Prozent höher liegen, wenn ihre Vorgesetzten digitale Tools zur Vernetzung effektiv einsetzen[29]. So ermutigend diese Erkenntnisse sind, so braucht allerdings auch digitale und hybride Führung ein gesundes und verhältnismäßiges Maß an Autorität, um sicherzustellen, dass die hybrid verrichtete Arbeit auf die formulierten Ziele einzahlt. Damit sind wir wieder bei den primären Erfolgsfaktoren klassischer Personalführung: Fachautorität, Persönlichkeitsautorität, Positionsautorität.

Es gibt allerdings auch mögliche Nachteile, zumindest aber Risiken hybrider Führung, die es vorauszusehen und im Alltag abzufedern gilt: ▸

141

Inklusion:

Wer mit wenigen, vermeintlich privilegierten Kolleg:innen vor Ort im Meetingraum sitzt, während andere als virtuelle Kachel an der Videowand an der Besprechung teilnehmen und wieder andere nur auf der Tonspur per Telefon von unterwegs zugeschaltet sind, kommt schnell die Gefahr einer Zwei- oder gar Mehr-Klassen-Mitarbeiterschaft auf. Hier kommt es auf jede einzelne Führungskraft an, Alltagsinklusion zu betreiben, immer ein Auge auf alle Teilnehmenden zu haben, proaktiv das Wort zu erteilen, Gespräche und Diskussionen noch engagierter zu moderieren und zu lenken, als es bei einem reinen Präsenztermin vielleicht der Fall wäre. Auch über reine Meetings hinaus kann es schnell passieren, dass man Kolleg:innen aus dem Blick verliert, die abgetaucht sind oder sich nicht aktiv über virtuelle Tools bemerkbar machen oder in den Vordergrund stellen. Ein kurzer virtueller Check-in lohnt sich im Zweifelsfall, auch um sicherzustellen, dass es allen gut geht und keine offenen Fragen oder Probleme bestehen.

Firmenkultur:

Die große Frage ist, was mit einer mühsam aufgebauten, gemeinsam gelebten und sich weiterentwickelnden Unternehmenskultur passiert, wenn Mitarbeitende plötzlich überall verstreut sind, sich seltener persönlich sehen, sich weniger ungeplante Begegnungen auf dem Flur, in der Kantine, im Open Space ergeben. Gerade für die jungen Talente aus den Generationen Y und Z, denen einerseits hybrides Arbeiten gemeinhin sehr wichtig ist, stellt die Firmenkultur oft einen zentralen Treiber für Jobentscheidung, Arbeitszufriedenheit und Verweildauer im Unternehmen dar. Und eine zwischen den physischen und virtuellen Welten über Zeit vernachlässigte oder gar zerfledderte Kultur birgt schnell das Risiko eines ernsthaften Bindungs- und Identifikationsverlustes [30]. Beides gilt es also, im Blick zu haben. Auch im hybriden Raum lassen sich informelle Austausche, virtuelle Kaffeeküchen oder gar Weihnachtsfeiern etablieren, die letztlich alle zusammen kulturprägende Momente sind.

➤ Produktivität:

Noch immer wird in unseren Führungsetagen oft heiß diskutiert, ob hybride oder remote Work auf Dauer zu einem Verlust an Disziplin und Produktivität führt oder nicht. Und wahrscheinlich ist beides wahr, denn oft kommt es dabei letztlich auf einzelne Mitarbeitende und deren Führungskraft an. Wer sich intrinsisch motiviert, ambitioniert und selbstorganisiert an die Arbeit macht, wird aus der Ferne oder zu Hause unterm Strich umso konzentrierter, vielleicht sogar noch mehr arbeiten und leisten als in Präsenz. Andere Mitarbeitende brauchen wiederum vor allem in der Ferne eine engere Führung, engmaschigere Vorgaben und auch sorgfältigere Kontrolle – möglicherweise sogar durch klassische Instrumente wie schriftliche Leistungsnachweise, wenn andere Mittel versagen. So wären wir wieder bei der viel beschworenen situativen Führung.

➤ Kreativität:

Auch in dieser Hinsicht deuten zumindest Tendenzen und anekdotische Erfahrungen zunächst in beide Richtungen. Wir alle kamen sicherlich schon einmal in der Abgeschiedenheit eines Heimarbeitszimmers auf eine geniale Idee, ohne die ständigen Unterbrechungen oder Ablenkungen eines Büros. Andererseits haben wir wohl auch alle schon erlebt, wie gemeinsame Brainstormings im Meetingraum zu geradezu schöpferischer Schwarmintelligenz führen können. Wahrscheinlich wohnt am ehesten der Dualität beider Modelle ein Zauber inne, das heißt der regelmäßige Wechsel der Arbeitsumgebung, durch den eine Wechselmotivation und damit eine Inspirationsquelle entstehen kann.

Unterm Strich wird schnell deutlich, dass das hybride Arbeiten und Führen gleichermaßen Chancen wie Risiken mit sich bringt. Letztlich kommt es auf unsere Unternehmen und ihre Führungspersonen an, wie wir das jeweilige Umfeld ausgestalten. In jedem Fall erfordert es proaktive, kontinuierliche Arbeit, Anstrengung, Ideen, Co-Kreation, Iteration und damit Einbindung aller Betroffener. Der Lohn aber kann ein großer sein: Nämlich Mitarbeitende immer wieder aufs Neue zu motivieren, weiterzuentwickeln und so als Talente an das Unternehmen zu binden. Empathie, Vertrauen, ein ständiger Austausch sowie der gekonnte Umgang mit digitalen Technologien tragen somit zu einem erfolgreichen hybriden Arbeiten und Führen bei. ■

Top 3 · **1**

Lange kreiste man in der **Personal-führung** um drei sogenannte primäre Erfolgsfaktoren: Fachautorität, Persönlichkeitsautorität, Positionsautorität. So weit, so klassisch – ist doch in dieser Denkschule noch sehr viel von Autorität und wenig von heute umso erfolgskritischeren Kompetenzen wie **emotionaler Intelligenz** und **Teamfähigkeit** die Rede. Auch wenn diese Begrifflichkeiten den Start-ups und Vorzeigekonzernen unseres Landes wohlbekannt sind, gibt es nichtsdestotrotz gerade in der Breite unserer **deutschen Wirtschaftslandschaft** noch viele, auch kleine und mittelständische Unternehmen, bei denen die drei primären Erfolgsfaktoren (und nicht mehr) einer Führungskraft lange etabliert waren – und es vielleicht immer noch sind. Spätestens aber seit Corona, seit in der Breite aufkommenden **hybriden Arbeitsformen**, ist etwas in Bewegung gekommen.

2

Mehr als je zuvor geht es in der Führung heute um Empathie, Offenheit, Authentizität, situatives Führen und Reagieren auf die individuellen Umstände der Mitarbeitenden. Dazu gehört nicht nur Toleranz, sondern sogar eine proaktive Förderung von Eigenverantwortung, gerade in hybriden Arbeitsformen. Und es geht darum, das Beste aus beiden Welten, aus Präsenz und Virtualität, clever miteinander zu verzahnen, sodass sich die Vorteile möglichst übertragen und die Nachteile eindämmen lassen.

3

Hybride Führung kommt mit Risiken, die es bewusst abzufedern gilt. Inklusion, die Firmenkultur, Produktivität und Kreativität müssen wir im Alltag aktiv fördern und steuern, um die Chancen unserer neuen Arbeitswelt nutzen zu können.

Takeaways

Die
Chancen

der Digitalisierung für die Automobilbranche

Britta Seeger begann 1989 ihre Karriere in der Stuttgarter Konzernzentrale der damaligen Marke Mercedes-Benz und war später für den südkoreanischen und türkischen Markt verantwortlich. In Korea war sie die erste Geschäftsführerin eines ausländischen Automobilherstellers. Heute beschäftigt sich Seeger als Vorstandsmitglied der Mercedes-Benz Group AG unter anderem mit der Transformation des Vertriebs sowie der strategischen Positionierung der Marke Mercedes-Benz. Als dreifache Mutter ruft sie junge Frauen und Männer zu mehr Mut bei der eigenen Karriereplanung auf, beispielsweise um Familie und Beruf zu vereinbaren.

> **Die Fortschritte in Technologie und Digitalisierung sind nicht nur das Produkt von Innovation und kreativer Energie, sie sind fundamental für unsere zukünftige Gesellschaft.**

Was bedeutet „Digitaler Wandel"?

Von der Kaffeemaschine, die morgens per Smartphone aus dem Bett heraus bedient wird, bis hin zum Licht, das über Sprachsteuerung vor dem Einschlafen ausgeschaltet werden kann – unser Alltag ist heute so digital, nahtlos und vernetzt wie noch nie zuvor. Flexibilität und Individualität sind wichtiger denn je. Alles wird schlauer, schneller, besser und passt sich unseren Bedürfnissen an. Digitaler Wandel ist ein oft verwendetes Buzzword, für mich beschreibt es die Zukunft. Nicht nur die Zukunft der Technologie, sondern auch die Zukunft der Wirtschaft und unserer Gesellschaft insgesamt.

Als Vorstandsmitglied der Mercedes-Benz Group AG, verantwortlich für Vertrieb, gestalte ich zusammen mit meinem Team den digitalen Wandel in der Automobilbranche. Für mich bedeutet Vertrieb immer Veränderung. Jeden Tag müssen Ideen, Konzepte und Maßnahmen hinterfragt werden. Die Fortschritte in Technologie und Digitalisierung sind nicht nur das Produkt von Innovation und kreativer Energie, sie sind fundamental für unsere zukünftige Gesellschaft. Tagtäglich tragen sie dazu bei, unser Zusammenleben zu vereinfachen und zu verbessern. Sie helfen, dem Klimawandel entgegenzuwirken, indem sie zum Beispiel dafür sorgen, Abfälle zu verringern und unnötige Prozessschritte zu eliminieren.

In Unternehmen sollten alle neu etablierten Prozesse, jede neuartige Technologie und jeder Fortschritt immer ein Ziel verfolgen: den Kund:innen das zu geben, was sie sich wünschen, was sie unterstützt, was ihr Leben leichter macht. Für eine Automobilmarke muss das – gegenwärtig und zukünftig – immer der Anspruch sein. Aus eigener Erfahrung wissen wir, dass diese Ambition genauso herausfordernd wie auch gewinnbringend ist. Eben hier spielt die Digitalisierung eine Schlüsselrolle. Denn sie bildet in unserer heutigen Zeit die Brücke zwischen Kundenwunsch und Unternehmen. Die Geschichte unserer Marke zeigt: Wer den Mut beweist, in Zeiten des Wandels solche Brücken zu bauen und aktiv zu nutzen, bestimmt manchmal sogar den Erfolg ganzer Branchen.

Das Auto als Beispiel für digitalen Wandel
1886 stellte Carl Benz das weltweit erste Automobil mit Verbrennungsmotor vor, den Benz Patent-Motorwagen Modell 1 [31], patentierte diesen und produzierte ihn in Serie. Ein Motor mit knapp einem Liter Hubraum und 0,75 PS machte eine Höchstgeschwindigkeit von 16 Kilometern pro Stunde möglich. Ein Kraftstoffreservoir, dessen Inhalt für etwa 20 Minuten Fahrt reichte, drei Räder, eine batterieelektrische Zündung und eine Lenkkurbel sorgten für ein alltagstaugliches Produkt, das Benz beständig weiterentwickelte. 14 Jahre später brachte Wilhelm Maybach bei der Daimler-Motoren-Gesellschaft dann das erste „moderne" Automobil auf den Markt, mit vier Zylindern und 35 PS – den ersten Mercedes.

Heute, mehr als 135 Jahre später, haben wir nicht mehr nur Verbrennungs-, sondern auch immer mehr effiziente Elektromotoren mit jeglichem Fahrspaß, Komfort und Luxus, den man sich vorstellen kann. Wir sprechen dabei längst nicht mehr von einem rein mechanischen Produkt. Denn ohne digitale Elemente, wie beispielsweise einer digitalen Tachoanzeige, können sich vor allem viele jüngere Kund:innen ihr Fahrzeug heutzutage gar nicht mehr vorstellen. Dank intelligenter Vernetzung der Sensoren entlasten Fahrassistenzsysteme im Alltag durch situationsgerechte Unterstützung bei Geschwindigkeitsanpassung, Abstandsregelung, Lenken und Spurwechsel. Fahrer:innen können so länger fit bleiben und ihre Ziele sicherer und komfortabler erreichen.

Längst geht es nicht mehr nur um das Entwickeln neuer Antriebssysteme. Besonders im Innenraum wird das Auto immer digitaler, das Auto denkt mit. Es erkennt Sprache und dank Künstlicher Intelligenz auch Muster. So kann das Auto Vorschläge für Termine oder To-do-Listen machen.

Nicht nur innerhalb, sondern auch außerhalb des Autos digitalisiert ▶

sich alles zunehmend. Dank der technologischen Entwicklung der Car-to-X Kommunikation [32] wird ein neuartiger Informationsaustausch ermöglicht, der auf der Straße nachfolgende Autos frühzeitig vor Gefahren wie beispielsweise Glatteis oder Schlaglöchern warnen kann – vollkommen eigenständig. So wird das Internet of Things immer mehr auch zum „Internet of Cars".

Leitbilder für den digitalen Wandel

Damit der digitale Wandel für ein Unternehmen eine Chance und kein Hindernis darstellt, gilt es, sich stets zu hinterfragen und die Bereitschaft an den Tag zu legen, Perspektiven zu ändern und Neues zu wagen. Hierfür gibt es keinen Handlungsfahrplan, der Antworten auf alle Fragen bietet. Aber es gibt Leitbilder, an denen sich Unternehmen – nicht nur aus der Automobilbranche – orientieren können:

1. **Kund:innen in den Mittelpunkt des Denkens und Handelns stellen**

Die Kund:innen von heute sind so selbstbestimmt und flexibel wie noch nie. Sie wissen ganz genau, was sie wollen. In einigen Industrien, wie beispielsweise der Softwarebranche, ist ein User-Centered Design [33] bereits fest verankert, andere Industrien haben hier noch Aufholbedarf. Ich bin überzeugt: Auch in der Automobilindustrie muss

dieser Ansatz noch stärker in das tägliche Denken verankert werden, denn der Blick in die Zukunft zeigt: Die Kundschaft weiß genau, was sie wann und wie erhalten möchte. Sei es die eigenständige Produktrecherche spät in der Nacht, das persönliche Beratungsgespräch mit einem Spezialisten oder einer Expertin oder die kontaktlose Entgegennahme des neuen Fahrzeugs am Point of Sale oder per Home Delivery.

Unsere Aufgabe ist es, mithilfe verschiedener Technologien und Angebote dafür zu sorgen, den Kund:innen ihren Alltag so angenehm wie möglich zu gestalten. Aus dem Auto heraus eine Pizza bestellen oder nachlesen, ob das Hotel der geplanten Urlaubsreise gute Bewertungen hat? Das ist längst keine Zukunftsmusik mehr, sondern umsetzbar. In diesem Zusammenhang bedeutet Luxus heutzutage mehr denn je Komfort und geht einher mit einer Zeitersparnis. Im Kern geht es dabei aber immer darum, die Digitalisierung zu nutzen, um den Bedürfnissen der Kundschaft gerecht zu werden.

2. **Schnelligkeit und Sicherheit**
Wenn Digitalisierung eines fordert, dann Geschwindigkeit. Diese Geschwindigkeit ist der Motor neuer Innovationen und Ideen, wie sich auch in der Historie der Automobilbranche zeigt. Früher änderte sich nach der Markteinführung eines Autos

bis zur nächsten Modellpflege wenig an einem Fahrzeug. Heute hat sich das radikal geändert. Dank Over-the-Air-Updates[34] kann unsere Kundschaft regelmäßig neue Software und neue Features auf ihr Fahrzeug spielen lassen. Sie sind diese Geschwindigkeit aus anderen Branchen längst gewohnt. Beinahe täglich gibt es neue Updates für das Smartphone, neue Features, neue Verbesserungen. Diesen Service erwarten sie zunehmend auch in ihrem Fahrzeug. Das bedeutet für Unternehmen: schnellere Analyse und Entscheidungsfindung, angepasste Strukturen und ein neues Mindset, was Veränderungen angeht.

Bei einem Thema darf es jedoch trotz Geschwindigkeit keine Kompromisse geben: der Sicherheit der Fahrenden. Diese ist beispielsweise seit jeher in der DNA unserer Marke verankert – früher vor allem mit Blick auf das Fahrzeug und heute eben auch mit Blick auf die Kundendaten. Für beides gilt: Sicherheit sowie Transparenz sind essenziell. Selbstverständlich entsprechend der von der europäischen Kommission genannten Digitalgrundsätze[35] gilt es, Daten sicher aufzubewahren und vor Missbrauch zu schützen. Das kann, beispielsweise wie bei uns, im Rahmen eines digitalen Privacy Dashboards[36] in einer für Kund:innen transparenten und selbst kontrollierbaren Umgebung stattfinden. Wenn Menschen bereit sind, Daten für einen bestimmten Mehrwert

zu teilen, dann sollten sie auch selbst definieren können, wofür genau diese Daten gesammelt werden dürfen. Leitsätze, an denen sich ein Vertrieb dabei orientieren muss, sollten die Gebote der Transparenz, der Selbstbestimmung und der Datensicherheit beinhalten. Klar ist auch: Digitaler Wandel kann nur stattfinden, wenn alle Beteiligten – Wirtschaft, Politik und Gesellschaft – sich ergänzen und auch auf diesem Feld eng zusammenarbeiten.

3. „Digital First" als Credo für den Vertrieb

Wir sprechen von der Gesellschaft der Zukunft, vom Auto der Zukunft, also müssen wir auch über den Vertrieb der Zukunft sprechen. Der Handel hat die Aufgabe, die Trends der Digitalisierung und die Wünsche der Kundschaft zu vereinen. Denn: Was früher rein offline war, findet heute zunehmend online statt.

Dafür reicht es nicht, bestehende physische Prozesse einfach zu digitalisieren. Diese müssen viel häufiger neu gedacht werden für das digitale Zeitalter. „Digital First" heißt das Motto. Per Klick ist es im Pkw-Vertrieb nun bereits in verschiedenen Ländern möglich, sich unterwegs oder auf der Couch seinen Traumwagen selbst zu konfigurieren und ihn dann, wie bei anderen E-Commerce-Bestellungen, zu kaufen – bei einem komplexen Produkt wie ▸

151

dem Auto war das lange Zeit undenkbar! Aber: Wenn sich das Kundenverhalten verändert, dann muss sich ganz klar auch das Vertriebsmodell ändern. Bei unserer Marke ist ein Beispiel dafür die gemeinsam mit unseren Händlern erfolgte Umstellung auf ein Agentenmodell, das wir bereits in Schweden, Südafrika und seit 2021 auch in Österreich und Indien eingeführt haben. Während sich der administrative Aufwand unserer Agenten (früher Händler) durch die direkte Transaktion zwischen den Kund:innen und uns deutlich verringert, erlebt die Kundschaft einen transparenten und bequemen Kaufprozess ihres Fahrzeugs, in dem das Markenerlebnis durch eine intensivere Vor-Ort-Betreuung noch stärker in den Vordergrund rückt. Das positive Kundenfeedback aus beispielsweise Schweden und Südafrika zeigt, dass wir hier die anspruchsvollen Erwartungen an einen modernen Autokauf im Luxussegment genau erfüllen.

Der physische Handel, beispielsweise in Autohäusern, Pop-up-Stores oder an anderen Begegnungsorten, an denen die Kundschaft mit der Marke in Berührung kommt, wird also weiterhin ein wichtiger Teil der Customer Journey bleiben. Denn mehr als 80 Prozent der Kund:innen wünschen es sich mit Blick auf den Autokauf weiterhin, vor Ort beraten zu werden und beispielsweise eine Probefahrt zu machen. Das Gespräch mit den Beratenden vor Ort

gehört genauso zur gewünschten Erfahrung wie das Konfigurieren des Traumwagens online. Jetzt geht es darum, den Point of Sale zum Point of Experience umzugestalten und Informationen etwa durch den Einsatz digitaler Geräte noch greifbarer zu machen. Bei uns erfährt beispielsweise der Besuch im Autohaus einen digitalen Wandel im Rahmen der Best Customer Experience 4.0 [37]. Der physische Handel passt sich so nicht nur konzeptionell, sondern auch optisch den neuen Bedürfnissen der Kundschaft an und wird durch digitale Erlebnisse vor Ort bereichert.

Ob mit dem Einsatz von Bildschirmen, mobilen Beratungstools und räumlicher Flexibilität: Es gilt, die Online- mit der Offline-Erfahrung nahtlos zu verbinden. Was online wahrgenommen wird, soll offline erlebbar sein. Auch der Bereich After Sales erfährt in diesem Zusammenhang ein digitales Facelift [38]. Wir gehen davon aus, dass bis Ende 2025 bereits 80 Prozent unserer Servicetermine online gebucht werden. Mit diesem Wissen passen wir bereits jetzt unsere After-Sales-Bereiche einer digitalen Zukunft an. Per App zusätzliche Features für das Auto freischalten oder jederzeit prüfen, ob der neue Satz Reifen bei meiner Werkstatt auf Lager ist? Das sind Erwartungen von Kund:innen, die sich täglich erweitern. Diejenigen Unternehmen, denen es gelingt, die bereits oben beschriebenen

Ob mit dem Einsatz von Bildschirmen, mobilen Beratungstools und räumlicher Flexibilität: Es gilt, die Online- mit der Offline-Erfahrung nahtlos zu verbinden. Was online wahrgenommen wird, soll offline erlebbar sein.

Kundenbedürfnisse und -wünsche mit den Technologien und Möglichkeiten zu vereinen, die uns die Digitalisierung bietet, werden dank des digitalen Wandels erfolgreich sein.

Ausblick

Einmal mehr: Vertrieb ist Veränderung. Jeden Tag müssen wir uns selbst herausfordern, uns an eine schneller werdende Gesellschaft anpassen und Vorreiter in bestimmten Bereichen sein, wenn wir gemeinsam die Zukunft gestalten wollen. Die Digitalisierung ist dabei positiver Treiber und Herbeiführer dieser Veränderung. Das ist aber nur möglich, wenn alle Bereiche der Gesellschaft Hand in Hand daran arbeiten, die Digitalisierung voranzutreiben. Für den Automobilbereich bedeutet das, sich weiterhin neuen Technologien zu öffnen und weitere digitale Wege einzuschlagen. Das zeigt sich auch bei unserer Marke: Mit der eigenen Historie kommt nicht nur die Aufgabe, die eigenen Traditionen zu bewahren, sondern sie eben auch erfolgreich weiterzuentwickeln.

Nur wer sich neu erfindet, kann Zukunft mitbestimmen. Digitaler Wandel ist ein langfristiger Prozess, der uns immer wieder neu herausfordern wird. Und auch deshalb wird es immer wieder Geduld, Erklärungen und Verständnis ▶

benötigen, um ihn zu gestalten. Als Carl Benz 1886 das erste Auto mit Verbrennungsmotor auf den Markt brachte, stieß er auch auf Widerstand und Unverständnis. Denn neben Begeisterung ist Skepsis ebenfalls ein Teil von Wandel. Beim Auto arbeitete sich schnell heraus: Hier überwiegt die Begeisterung über den Zugewinn an individueller Mobilität. Ich bin überzeugt, dass dies genauso für die Begeisterung über die Vorteile des digitalen Wandels gelten wird. Wir alle haben die Chance, die digitale Dekade der Wirtschaft[39] und die damit verbundenen Ziele für den digitalen Wandel zu nutzen, um die Digitalisierung, insbesondere die der Wirtschaft, voranzutreiben. Hier sehe ich jedes Unternehmen, egal ob Start-up oder Großkonzern, in der Pflicht. Nur wenn wir digitales Denken und Handeln wirklich etablieren, können wir langfristig für Veränderung und wahren Wandel sorgen. Wo ein gemeinsamer Wille ist, ist auch ein gemeinsamer Weg – packen wir es an. ∎

Top 31

Wo sich früher nach der **Markteinführung eines Autos** bis zur nächsten Modellpflege wenig am Fahrzeug geändert hat, gibt es heute regelmäßige **Over-the-Air-Updates**, um neue Software und Features auf das Fahrzeug zu spielen. Das erfordert beim Hersteller **schnellere Analysen** und **Entscheidungsfindung**, angepasste Strukturen und ein **neues Mindset**, was Veränderung angeht.

2 Digitale Elemente sind heute feste Bestandteile eines Autos. Dies zeigt sich sowohl im Interieur als auch in der Verwendung bestimmter **kommunikativer Systeme**, wie beispielsweise die **Car-To-X Kommunikation**. Während der technologische und digitale Fortschritt am Auto immer sichtbarer wird, sind es besonders die Anforderungen der Kundschaft, denen wir in erster Linie mit allen **Neuerungen und Änderungen gerecht** werden. Wenn das Zuhause bereits jetzt smart ist, soll es das Auto auch sein.

3 Mehr als **80 Prozent** der Kund:innen wünschen sich beim Autokauf weiterhin vor Ort beraten zu werden und beispielsweise eine Probefahrt zu machen. Deshalb wird der **Point of Sale** zunehmend zum **Point of Experience**, und Informationen werden durch den Einsatz digitaler Geräte noch greifbarer.

Takeaways

Für ein
Klima

der Chancen

Stephan Sturm ist seit 2016 Vorstandsvorsitzender von Fresenius. Seine Karriere begann er als Unternehmensberater bei McKinsey & Company, im Anschluss daran war er in leitenden Positionen im Investment Banking der UBS und der Credit Suisse First Boston tätig. 2005 wurde Sturm Finanzvorstand von Fresenius. Das FINANCE Magazin kürte ihn 2014 zum CFO des Jahres. In seiner Position als CEO hat er die größte Unternehmensübernahme in der Geschichte von Fresenius verantwortet, die Akquisition eines spanischen Klinikbetreibers.

M ehr als 100 Jahre, bevor diese Zeilen geschrieben wurden, hatte der Apotheker Dr. Eduard Fresenius weder Smartphone noch Künstliche Intelligenz zur Hand. Was er hatte, war ein starker innerer Antrieb: immer mehr Menschen mit immer besserer Medizin zu versorgen. Und dieser Antrieb machte ihn erfinderisch. Wer zum Beispiel nicht in seine Apotheke in der Frankfurter Innenstadt kommen konnte, der bekam die Arzneimittel eben auf Rädern an die Haustür gebracht. Denn Eduard Fresenius hatte einen mobilen Lieferservice – das war zu dieser Zeit etwas ganz Besonderes. Damals wie heute geht es um zweierlei, wenn wir die Gesundheitsversorgung verbessern wollen. Erstens: Medizin noch mehr auf die Bedürfnisse der Patient:innen auszurichten. Zweitens und vielleicht sogar noch dringender: noch mehr Menschen überhaupt Zugang zu Gesundheitsversorgung zu ermöglichen. Nennen wir es die Demokratisierung guter Medizin. ▶

Und ich bin mir sehr sicher, dass unser Unternehmensgründer auch begeistert von den Möglichkeiten gewesen wäre, die in der Digitalisierung der Medizin stecken. Zu Recht, denn Digitalisierung ist heute für uns der Schlüssel, um sowohl Medizin näher an die Patient:innen zu bringen als auch die Patient:innen näher an die Medizin.

In den USA etwa betreibt unsere Dialysetochter Fresenius Medical Care eine vernetzte Gesundheitsplattform, mit der sich nicht nur Gesundheitsdaten aus der Ferne überwachen lassen. Die Patient:innen selbst können auch auf Laborergebnisse und Medikation zugreifen, ihrem Pflegeteam Nachrichten schicken, Material bestellen und – ganz wichtig – sich auch innerhalb ihrer Community austauschen und gegenseitig Unterstützung bieten.

Oder Helios, unsere Krankenhaustochter, die auch eine große Zahl von medizinischen Versorgungszentren betreibt und die ambulante Versorgung weiter ausbaut. Schon rund jede zweite Helios-Klinik in Deutschland ermöglicht mit einem Patientenportal von zu Hause den Zugriff auf Behandlungsdokumente, Terminbuchung und Videosprechstunden. Auf das Portal von Helios Spanien greifen bereits knapp drei Millionen Nutzer:innen zu. Fast alle spanischen Kliniken der Gruppe sind daran angeschlossen. Und: Alle Gesundheitsreinrichtungen von Helios können Videoberatungen anbieten und tun dies teilweise bereits auf regelmäßiger Basis.

Strukturen aufbrechen

Stichwort Videosprechstunde: Gerade Corona hat uns auch in hoch entwickelten Industrieländern vor Augen geführt, dass wir mehr Digitalisierung in der Medizin brauchen, um Menschen auch aus der Distanz behandeln zu können.

Schon vor der Pandemie waren aber verkrustete Versorgungsstrukturen in vielen Ländern ein größeres, oft unüberwindbares Hindernis für bedarfsgerechte, patientenahe Medizin. Da reicht ein Blick auf das deutsche Gesundheitswesen. Digitalisierung kann helfen, Strukturen in Teilen zu überbrücken – diese aufzubrechen, vermag sie allerdings nicht. Aufgabe jeder Regierung sollte es daher sein, sich mit den Akteuren im Gesundheitswesen – öffentlichen wie privaten – an einen Tisch zu setzen und eine Strategie zu entwerfen für die Gesundheitsversorgung der nächsten Jahrzehnte.

Und da darf eine digitale Agenda nicht fehlen! Die deutsche Politik hat in Sachen Digitalisierung der Medizin einiges auf den Weg gebracht: Gesundheits-Apps werden mittlerweile von den Krankenkassen bezahlt, digitaler Impfpass und elektronische Patientenakte sind auf dem Weg. Das alles ist sehr erfreulich – so viel Lob muss sein.

Allensbach-Studie: Deutschland alles andere als ein Vorreiter

Dennoch: Deutschland liegt bei der Digitalisierung in der Medizin noch immer weit hinter anderen Ländern zurück. Für die Gesundheitsversorgung der Zukunft braucht es den Mut, neue Wege zu gehen. Vor allem Spanien, aber auch die USA sind hier in mehreren Bereichen deutlich weiter. Dies ergab eine repräsentative Bevölkerungsumfrage, die das Institut für Demoskopie Allensbach im Auftrag von Fresenius in Deutschland, Spanien und den USA durchgeführt hat [40].

Vorreiter ist Spanien. Ob Vernetzung von Gesundheitseinrichtungen, Diagnosen von Krankheiten oder Telemedizin: Deutlich mehr als die Hälfte der Spanier:innen gab bei jedem dieser Bereiche an, dass die Digitalisierung der Medizin bereits eine große Rolle spielt. Am deutlichsten fällt dies bei der Telemedizin ins Auge. 55 Prozent der Spanier:innen, immerhin noch 43 Prozent der US-Amerikaner:innen, aber nur 16 Prozent der Deutschen messen der Telemedizin eine große Bedeutung zu.

Dabei denken die Menschen auch hierzulande durchaus chancenorientiert, auch das ergab die Allensbach-Untersuchung. Sie verknüpfen mit zunehmender Digitalisierung viel Positives wie etwa den erleichterten Austausch zwischen Ärzten, den einfacheren Zugang zu Gesundheitsinformationen sowie bessere Diagnosen und Behandlungen. Aber auch kürzere Wartezeiten, sinkende Kosten und eine höhere Qualität der Medizin. Also: An den Bürger:innen scheitert`s nicht. Das ist eine gute Nachricht, denn der Erfolg digitaler Anwendungen hängt maßgeblich von ihrer Akzeptanz ab.

Chancen- statt Problemfokus

Worauf also warten wir dann noch? Mein Appell an die neue Bundesregierung und auch an die Verantwortlichen auf der EU-Ebene lautet: Wenn wir weiterhin Schrittmacher für zukunftsfähige Entwicklungen sein möchten, von denen Gesellschaften in aller Welt und somit auch der Wirtschaftsstandort Deutschland und ganz Europa profitieren, dann müssen wir endlich umschalten vom Problem- auf den Chancenfokus.

Um Missverständnissen gleich vorzubeugen: Persönliche Zuwendung, gerade in der Pflege, bleibt elementar wichtig. Digitalisierung nach meinem Verständnis soll diese persönliche Zuwendung eben gerade nicht ersetzen, sondern eine Gesundheitsversorgung ermöglichen, die noch besser den Bedürfnissen der Menschen entspricht. So werden personelle und finanzielle Ressourcen frei und können dort eingesetzt werden, wo sie den Menschen noch mehr nutzen.

Auch der Schutz von Patientendaten muss weiterhin hohe Priorität ▸

159

„Warum Pflege-
kräfte mit **zeit-
raubenden
Dokumentati-
ons-** und Ver-
waltungsaufga-
ben **belasten,**
wenn wir das
über **digitale
Prozesse** viel
effizienter und
sicherer **abbil-
den** können?

haben. Der häufig genutzte Begriff „sensible Patientendaten" ist da eine recht unsinnige Doppelung. Patientendaten sind immer sensibel. Ihr Schutz liegt im ureigenen Interesse gerade derer, die sie für die Verbesserung von Medizin nutzen wollen. Denn Daten haben nur dann einen Wert, wenn sie nicht manipuliert werden können.

So sehr wir uns dieser wichtigen Fragen bewusst sein müssen, so wenig dürfen sie andere in den Hintergrund drängen: Warum müssen wir Menschen in die Praxis oder Klinik nötigen, wenn ihnen mit einer telemedizinischen Diagnose und Beratung genauso gut geholfen ist? Warum Pflegekräfte, die händeringend gesucht werden, mit zeitraubenden Dokumentations- und Verwaltungsaufgaben belasten, wenn wir das über digitale Prozesse viel effizienter und sicherer abbilden können? Warum Ärzt:innen nicht noch bessere Diagnosen stellen lassen, indem wir vorhandene Behandlungsdatenschätze heben, Krankheitsverläufe voraussehen und frühzeitig mit gezielten Therapien gegensteuern?

Es gibt sie ja bereits, die starken Anwendungen der Digitalisierung in der Medizin. In den USA nutzt zum Beispiel unsere Dialysetochter Fresenius Medical Care aggregierte und anonymisierte Gesundheitsdaten der Patient:innen, um anhand früherer Krankheitsbilder, Therapieverläufe und -ergebnisse

Vorhersagen für Krankheitsverläufe in der Zukunft machen zu können. Wie wahrscheinlich ist ein Herzinfarkt? Drohen ernste Komplikationen? Solche Erkenntnisse helfen uns, rechtzeitig zu handeln, Leben zu retten, aber auch teure Krankenhausaufenthalte zu vermeiden. Das hilft wiederum, die Kosten zu senken.

Und wir haben die Daten! Weltweit haben wir mehr als 4.000 Dialysezentren. In Europa betreibt unsere Krankenhaustochter Helios rund 140 Krankenhäuser und rund 200 ambulante Gesundheitseinrichtungen. Das bedeutet einen immensen Schatz an Gesundheitsinformationen, den wir künftig noch stärker nutzen möchten, um Diagnosen noch sicherer und Therapien noch zielgenauer zu machen.

Corona hat uns erfinderisch werden lassen, bei vielen neuen Initiativen für mehr Tempo gesorgt und Bewährtes einem Stresstest unterzogen – das müssen wir uns zunutze machen und schnell dorthin übertragen, wo es gebraucht wird.

In vielen Ländern der Welt war aber Corona gar nicht nötig, um zu wissen, dass es beim Zugang zu guter Medizin großen Nachholbedarf gibt – und das ist noch stark untertrieben, denn die Wahrheit ist doch die: Sehr viele Menschen auf der Welt sterben nicht an schlechter, sondern schlicht an gänzlich fehlender Medizin.

Gute Medizin muss bezahlbar bleiben – und sich rechnen

Immer bessere Medizin für immer mehr Menschen heißt aber nicht auch immer teurere Medizin – ganz im Gegenteil! Wir sagen: Gute Medizin, die einer wachsenden Zahl von Menschen zur Verfügung stehen soll, muss bezahlbar bleiben. Digitalisierung kann auch dazu einen wesentlichen Beitrag leisten. Zum einen erhöht Digitalisierung die Effizienz, das zeigen unsere eigenen Erfahrungen mit digitalen Angeboten, aber auch viele andere Bereiche außerhalb der Medizin.

Zum anderen gelingt dies schlicht durch Skalierung. Ein nichtdigitales Beispiel von Fresenius: die Dialysefilter. Früher sehr teuer, weil die Stückkosten sehr hoch waren, haben wir über Industrialisierung und Skalierung die Stückkosten derart gesenkt, dass heute die Einmalverwendung von Dialysefiltern Standard ist und immer mehr Menschen auch in ärmeren Ländern Zugang zur Dialyse erhalten. Und was ließe sich noch schneller und in größerem Umfang skalieren als digitale Angebote?

Zur Ehrlichkeit in der Debatte gehört aber auch: Gute Medizin gibt es nicht gratis. Sie erfordert Investitionen, und die müssen sich auszahlen für diejenigen, die sie tätigen. Wenn eine digitale Lösung eine herkömmliche Leistung in vergleichbarer Qualität ersetzen oder sinnvoll ergänzen kann, dann ▶

161

sollte sich dies auch in den Anreizsystemen widerspiegeln. Nur dann wird auch in solche Innovationen investiert. Die Investitionen von heute bedingen die bezahlbare Medizin von morgen.

Mehr Mut und Unternehmergeist

Die Menschen verstehen immer besser, dass die Digitalisierung große Vorteile bringt. Ich würde sogar sagen: Sie erwarten von uns, dass wir die Digitalisierung verantwortungsvoll nutzen. Wir brauchen dafür den Schulterschluss aller Partnen im Gesundheitswesen – egal ob Regierungen, Kostenträger, Gesundheitsorganisationen oder Unternehmen – für ein Klima der Chancen.

Und wir brauchen die Rahmenbedingungen, um Innovation und Fortschritt zum Wohle der Patient:innen zu fördern: Ein globales Bekenntnis zur Förderung der Digitalisierung sowie den Abbau von Barrieren innerhalb und zwischen den Gesundheitssystemen. Nicht zuletzt: weniger Bürokratie und Bedenkenträgertum, stattdessen mehr Mut und Unternehmergeist. ∎

Top 3

1

Deutschland liegt bei der Digitalisierung in der Medizin noch immer weit und nachweisbar hinter Ländern wie den USA oder Spanien zurück, ob in der Vernetzung von Gesundheitseinrichtungen, in der Diagnose von Krankheiten oder in der Telemedizin. Im letzten Bereich fällt der Unterschied besonders ins Auge: 55 Prozent der Spanier:innen, immerhin noch 43 Prozent der US-Amerikaner:innen, allerdings nur 16 Prozent der Deutschen messen der Telemedizin eine große Bedeutung zu.

2 Als Industrie haben wir bereits die notwendige Grundlage an Gesundheitsdaten vorliegen, um auch in Deutschland aggregierte und anonymisierte Analysen zu fahren und auszuwerten und anhand früherer Krankheitsbilder, Therapieverläufe und -ergebnisse Vorhersagen für Krankheitsverläufe in der Zukunft treffen zu können. Wie wahrscheinlich ist ein Herzinfarkt? Drohen ernste Komplikationen? Solche Erkenntnisse helfen uns, rechtzeitig zu handeln, teure Krankenhausaufenthalte zu vermeiden und Leben zu retten.

3 Viele Menschen auf der Welt sterben schlicht an gänzlich fehlender Medizin. Skalierung kann uns helfen, Angebote zu machen – und was ließe sich noch schneller und in größerem Umfang skalieren als digitale Angebote?

Takeaways

Vom
Staats

konzern
zur **Leading Digital** Telco

Birgit Bohle ist im Vorstand der Deutschen Telekom verantwortlich für Personal und Recht. Ihr beruflicher Werdegang
begann bei der Unternehmensberatung McKinsey & Company,
anschließend war sie in verschiedenen Managementpositionen
bei der Deutschen Bahn tätig. Sie baute den Online-Ticket-
verkauf deutlich aus und verlieh dem DB Navigator an Bedeutung als eine der meistgeladenen Apps in Deutschland.
Bohle ist Co-Autorin des Buches „Transform Your Workforce".

Es klingt wie ein Paradoxon: Veränderung ist eine wichtige Kons-
tante in der erfolgreichen Entwicklung von Unternehmen. Ob es
Veränderungen zum Besseren oder zum Schlechteren sind, hängt
maßgeblich vom Zusammenspiel von wenigen, aber entscheidenden Faktoren ab: von der richtigen Strategie; von der Art der Zusammenarbeit; von
gemeinsamen Werten. Kurz: von den Menschen im Unternehmen. ▸

„Im Jahr 2022 ist unsere Belegschaft deutlich **diverser und internationaler.** Das gilt auch für unser **Vorstandsteam**, das aus **drei Frauen** und fünf Männern mit **unterschiedlichen Nationalitäten** und Ausbildungshistorien besteht.

Auch die Deutsche Telekom macht da keine Ausnahme. Es waren diese Faktoren, die unseren Weg vom deutschen Staatskonzern bis heute bestimmt haben. Und ich glaube, dass es auch weiterhin genau diese Faktoren sein werden, die den Erfolg – oder Misserfolg – auf unserem Weg zur Leading Digital Telco ausmachen werden. Ich möchte Ihnen daher vom Wandel der Telekom anhand der Veränderungen in der Unternehmenskultur erzählen. Und aufzeigen, was uns dieses Narrativ für die Gestaltung der Zukunft bieten kann.

Die Menschen im Unternehmen

Die Deutsche Telekom AG entstand aus einer Behörde. Folglich arbeiteten dort unmittelbar nach der Privatisierung 1995 in erster Linie Beamt:innen. Die Männerdominanz war und blieb über Jahre signifikant, vor allem in den Führungsetagen. Die Organisation war stark hierarchisch gegliedert: Es gab eine Vielzahl von Führungsebenen, und Karrieren verliefen oft innerhalb einer bestimmten Einheit. Wer sein Berufsleben beispielsweise in der Netzplanung begann, konnte davon ausgehen, es dort auch zu beenden – in der Regel weiter oben auf der Karriereleiter. Entsprechend fokussiert waren oft auch die fachlichen Skills: Die Mitarbeitenden entwickelten ihre Fähigkeiten innerhalb recht klar abgegrenzter Zuständigkeitsfelder.

Im Jahr 2022 ist unsere Belegschaft deutlich diverser und internationaler. Das gilt auch für unser Vorstandsteam, das aus drei Frauen und fünf Männern mit unterschiedlichen Nationalitäten und Ausbildungshistorien besteht. Der Männeranteil auf den Managementebenen wird kleiner und fehlende Diversität wird immer häufiger offen kritisch hinterfragt – sei es bei der Auswahl neuer Führungskräfte oder auch bei der Zusammensetzung von Panels auf internen Veranstaltungen. Für mich ist das ein wichtiger Beweis für kulturellen Wandel.

Cross-Placements, also der Wechsel zwischen den Bereichen, Ressorts und Landesgesellschaften, werden ebenso gefördert wie Expertenkarrieren. Das bedeutet für die Mitarbeitenden auch: Es wird wichtiger, ressortübergreifend Know-how und Netzwerke aufzubauen. Karriereverläufe sind heute vielfältiger – aber dadurch natürlich auch weniger vorhersagbar.

Der sukzessive Zukauf und die Integration von europäischen Landesgesellschaften und nicht zuletzt unsere Beteiligung an der T-Mobile USA (TMUS) bedeuteten immer wieder wichtige Schübe für die Transformation unseres Unternehmens. Ähnliches gilt für das Onboarding neuer Mitarbeitender und Führungskräfte: Sie brachten ein Plus an Kunden- und Serviceorientierung, an externem Markt- und Technik-Know-

how mit. Sie stellten aber auch oft neue und andere Erwartungen an die Organisation, etwa was Entscheidungsbefugnisse, Mitspracherechte, Schnelligkeit und Verantwortung anging.

Wie immer, wenn Menschen mit unterschiedlichen Erfahrungshintergründen aus unterschiedlichen Kulturen miteinander arbeiten, geht das nicht ohne Reibungen und stellenweise Verluste. Diversität war und ist oft anstrengend, aber meist haben uns diese Reibungen besser gemacht.

Dennoch: Manche auch langjährige Mitarbeitende haben das Unternehmen verlassen, weil sie den Anforderungen nicht mehr gerecht wurden oder sie sich in der „neuen" Telekom nicht mehr zu Hause gefühlt haben. Andere Neuzugänge blieben nicht, weil sie andere Vorstellungen davon hatten, wie die Dinge laufen sollten. Oder weil sie unsere Werte, wir nennen sie heute „Guiding Principles", nicht geteilt haben.

Eines dieser Guiding Principles lautet „Stay curious and grow". Damit legen wir bewusst das Augenmerk auf die persönliche Entwicklung unserer Mitarbeitenden – als Grundlage für den nachhaltigen Unternehmenserfolg. Wir sehen unsere Mitarbeitenden in der Verantwortung für ihre kontinuierliche persönliche Weiterentwicklung. Und unterstützen sie dabei mit einer großen Bandbreite von Lern-, Aus- und Weiterbildungsmöglichkeiten: Die Palette reicht ▸

von klassischen Seminaren bis hin zu digitalen, State-of-the-art-Lernplattformen, von Hospitationen in einem anderen Bereich bis hin zu mehrmonatigen Job Visits in einem anderen Land. Ein besonders erfolgreiches Angebot ist das von Mitarbeitenden für Mitarbeitende in Eigeninitiative entwickelte „Learning from Experts". Hier teilen – selbstorganisiert – interne Expert:innen ihr Wissen und ihre Erfahrungen mit allen Mitarbeitenden im Konzern.

Zusammenarbeit

Mit der Veränderung der Belegschaft gingen auch massive Veränderungen in der Aufbau- und Ablauforganisation unseres Unternehmens einher. Hierarchien, für die es keine sachliche Berechtigung mehr gab, wurden und werden abgebaut. An die Stelle von Command & Control traten Partizipation und agile Methoden. Heute führen wir in vielen Bereichen des Unternehmens nach agilen Prinzipien. Menschen arbeiten flexibel in verschiedenen Projekten und Konstellationen zusammen – auch über Abteilungs- und Bereichsgrenzen hinweg. Sogenannte People Leads sind für die Weiterentwicklung der Mitarbeitenden verantwortlich. In einigen Bereichen wählen mittlerweile Teams ihre Chef:innen selbst.

Früher wurden Ziele und Erfolgskennziffern ausschließlich von oben vorgegeben. Herrschaftswissen zu haben und exklusive Informationen zu besitzen war ein Zeichen von Wichtigkeit und Macht. Entsprechend trennte man auch in der internen Kommunikation zwischen „oben" und „unten": Es gab Veranstaltungen und Zeitschriften, die Führungskräften vorbehalten waren.

Heute werden Ziele und Aufgaben gemeinsam im Team erarbeitet und kontinuierlich überprüft. Von Führungskräften und People Leads wird nicht mehr erwartet, dass sie alles wissen oder sogar besser wissen. Ihr Fokus liegt vielmehr darauf, strategisch die Richtung vorzugeben und Teams zu Höchstleistungen zu motivieren: Was wollen die Kund:innen? Wie verändert sich unser Marktumfeld? Was braucht das Team, um diese Wünsche bestmöglich erfüllen zu können? Was braucht der oder die Einzelne, um sich fachlich und persönlich weiterzuentwickeln?

Augenfällig wird der Wandel der Arbeitsweisen auch in der Ausgestaltung der Bürogebäude: Dort gab es früher wenig gemeinsam genutzte Fläche, sondern meist Büros für eine oder zwei Personen. Großraumbüros kamen – außer in Call Centern – kaum vor. Wie weit oben in der Hierarchie eine Führungskraft angesiedelt war, ließ sich an Äußerlichkeiten unmissverständlich ablesen: Je größer das Büro, das Vorzimmer und der Dienstwagen, je mehr Nullen am Ende der internen Festnetznummer, desto höher die Hierarchiestufe.

Die klassischen Seilschaften funktionieren in offeneren und hierarchieärmeren Organisationen nicht mehr gut. An ihre Stelle treten immer öfter übergreifende Netzwerke.

Heute sind in vielen Gebäuden offene Bürowelten die Regel. Arbeitsplätze sind häufig flexibel buchbar und nicht mehr per se einer Person zugeordnet. Zudem hat mobiles Arbeiten schon vor Corona – aber natürlich beschleunigt durch die Pandemie – an Bedeutung gewonnen. Die großen Büros der Führungskräfte sind fast vollständig verschwunden; bei der Telekom sitzen Führungskräfte heute meist gemeinsam mit ihren Teams im Großraum – auch einige Vorstände.

Die klassischen Seilschaften funktionieren in dieser offeneren und hierarchieärmeren Organisation nicht mehr gut. An ihre Stelle treten immer öfter übergreifende Netzwerke. Um Transformationsprozesse zu beschleunigen, stellte beispielsweise Telekom-CEO Tim Höttges mit dem T3-Team ein solches konzernweites Netzwerk zusammen. Und bei den „Telekom Botschaftern" handelt es sich um ein komplett selbstorganisiertes Team: Hier haben sich rund 300 Mitarbeitende zusammengefunden, um etwa in den sozialen Medien ihre Verbundenheit mit ihrer Arbeitgeberin auf unterschiedliche Weise zum Ausdruck zu bringen.

An die Stelle des Separierenden, Trennenden tritt immer mehr das Verbindende und Gemeinsame. Einen sehr anschaulichen Beleg dafür bietet ▸

auch die Kommunikation im Unternehmen. Bereits seit mehr als zehn Jahren können alle Mitarbeitenden gleichberechtigt in unserem Social Intranet Diskussionen führen und Themen setzen. Mehrmals im Jahr laden Vorstände alle Mitarbeitenden zu Townhall-Meetings ein. Es gibt regelmäßig öffentliche Vorstandssitzungen. Und auch Führungskräfte-Veranstaltungen können heute in der Regel alle Interessierten in internen Livestreams verfolgen oder abrufen.

Werte

Was wollen und müssen wir bewahren in einer Welt der immer schnelleren Veränderung? Was ist unser Fundament? Für mich sind es unsere Identität und unsere Werte, unsere Guiding Principles. Deshalb habe ich 2019 die Initiative „Living Culture" gestartet. Wir haben unsere Identität, den Sinn unserer Tätigkeit in einem Satz zusammengefasst: „We won't stop until everyone is connected" oder „Wir geben uns erst zufrieden, wenn alle #dabei sind". In diesem Satz finden sich der Techniker, der das Festnetzkabel nach der Naturkatastrophe im Ahrtal repariert, genauso wieder wie die Kollegin aus dem Call Center in Polen, die einem Kunden oder einer Kundin einen neuen Mobilfunkvertrag verkauft.

Heute bestätigen uns eine überwältigende Mehrheit unserer Kolleg:innen, dass sie ihre Arbeit als sinnvoll empfinden. Dies ist ein wichtiger Differenzierungsfaktor für die immer schwieriger werdende Suche und Bindung von Topfachkräften und Topnachwuchskräften, gerade im Bereich der weltweit knappen Tech Skills. Dort konkurrieren wir längst nicht mehr nur mit Vodafone oder Telefónica, sondern mit Google, Meta oder Netflix. Diese Talente erwarten nicht nur eine gute Bezahlung und Flexibilität bei Arbeitsort und Arbeitszeit. Sie haben auch den Wunsch, durch die eigene Arbeit einen relevanten Beitrag zur gesellschaftlichen Entwicklung zu leisten. Die Motivation und das Commitment der Mitarbeitenden wird in der digitalen Dekade der 2020er-Jahre damit zu einem immer größeren Asset für den unternehmerischen Erfolg.

Ausblick

Das Tempo der Veränderung beschleunigt sich in der digitalen Dekade. Und die Fragen, die sich in diesem Jahrzehnt der Digitalisierung stellen, sind wohl mindestens so komplex wie diejenigen, die sich uns beim Übergang von einer Behörde zur Aktiengesellschaft gestellt haben. Mich treiben dabei heute vor allem zwei Überlegungen um:

1. **Die Frage nach der Kultur**
Wie bewahren wir unsere Identität und Werte, und entwickeln gleichzeitig unsere Kultur weiter in einem Unternehmen, das

zunehmend hybrid arbeiten wird? Die Coronakrise hat uns gezeigt, dass eine starke Kultur den Transfer in die Virtualität der Zusammenarbeit erleichtert. Und übersteht. Und teilweise sogar stärkt. Aber: Viele unserer identitätsstiftenden Momente sind heute noch eng an physisches Erleben gebunden – an reale Treffen mit Kolleg:innen im Büro, in Projekten, bei Veranstaltungen, auf Messen, in der Kantine. Wie stellen wir sicher, dass wir solche Momente auch für eine zunehmend hybride Welt bewusst schaffen? Und wie begegnen wir der Gefahr einer Spaltung – zwischen Mitarbeitenden, die nicht die Möglichkeit haben, remote zu arbeiten – wie beispielsweise die Kolleg:innen in physischen Shops oder in der Technik – und denjenigen, die von jedem Ort aus arbeiten können?

2. Die Frage nach der digitalen Skill-Transformation

Wie gestalten wir das Reskilling und die Ausbildung im eigenen Unternehmen? Wie können wir neue digitale Talente anziehen und binden? Was ist der richtige Mix aus Reskilling und externer Rekrutierung? Viele dieser digitalen Talente leben außerhalb Europas, haben hohe Ansprüche an selbstbestimmtes Arbeiten, an zeitliche und räumliche Flexibilität. Wie „erschaffen" wir hier überhaupt erst Identifikation mit unserem Unternehmen, gerade in Ländern, in denen wir mit unserer Marke nicht vertreten sind?

Manche Antworten können wir schon skizzieren, andere suchen wir noch. Dabei werden wir uns ein Stück weit von den Erfahrungen leiten lassen, die sich bewährt haben. Auch unsere weitere Transformation – zur Leading Digital Telco – kann gelingen.

→ Wenn wir die Menschen und ihre Bedürfnisse in den Mittelpunkt stellen und die Skill-Transformation im Unternehmen konsequent vorantreiben.

→ Wenn wir hybride und agile Formen der Zusammenarbeit konsequent fördern.

→ Und wenn wir unsere Identität und Werte bewahren und gleichzeitig unsere Kultur permanent weiterentwickeln. ■

171

Top 3

1

Wie immer, wenn Menschen mit unterschiedlichen Erfahrungshintergründen aus ==unterschiedlichen Kulturen miteinander arbeiten==, geht das nicht gänzlich ohne Reibungen und stellenweise Verluste. ==Diversität== war und ist oft anstrengend, aber sie ist es wert, und meist haben uns diese Reibungen am Ende besser gemacht und vorangebracht.

2

Früher waren Herrschaftswissen und ==exklusive Informationen== ein Zeichen von Wichtigkeit und Macht. Von Führungskräften wird heute nicht mehr erwartet, dass sie alles wissen oder sogar besser wissen. Ihr Fokus liegt vielmehr darauf, ==strategisch die Richtung vorzugeben== und Teams zu Höchstleistungen zu ==motivieren==: Was wollen die Kund:innen? Wie verändert sich unser Marktumfeld? ==Was braucht das Team==, um diese Wünsche bestmöglich erfüllen zu können? Was braucht der oder die Einzelne, um sich fachlich und persönlich ==weiterzuentwickeln==?

3

Wir haben **unsere Identität**, den Sinn unserer Tätigkeit in einem Satz zusammengefasst: „We won't stop until everyone is connected." In diesem Satz finden sich der lokale Techniker genauso wieder wie die Kollegin aus dem Call Center im Ausland. Heute bestätigen uns eine überwältigende Mehrheit unserer Kolleg:innen, dass sie ihre Arbeit als sinnvoll empfinden. Dies ist ein wichtiger **Differenzierungsfaktor** für die immer schwieriger werdende Suche und Bindung von Topfachkräften und Topnachwuchskräften, gerade im Bereich der weltweit knappen **Tech Skills**.

Takeaways

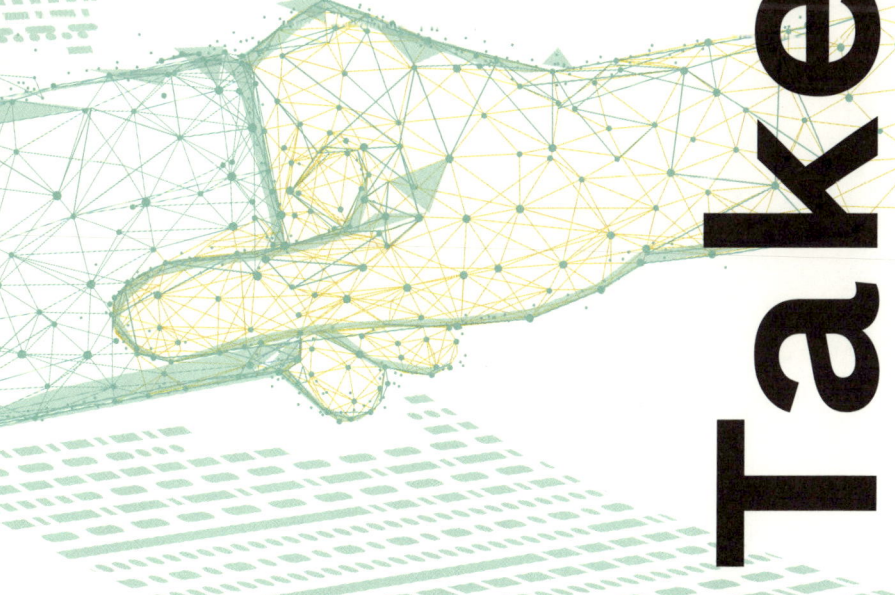

Von der
Postkutsche

zum 3.000-Tonnen-Güterzug: Digitalisierung bei der Bahn heißt vor allem Klimaschutz

Dr. Sigrid Nikutta ist seit 2020 Vorstandsmitglied der Deutschen Bahn. Dort betreut sie das Ressort Güterverkehr und führt außerdem den Vorstandsvorsitz von DB Cargo. Nikutta leitete zuvor als Vorstandsvorsitzende die Berliner Verkehrsbetriebe BVG und erzielte dort erstmals seit Jahrzehnten positive Betriebsergebnisse. Von der Financial Times Deutschland wurde sie unter den 25 Top-Business-Frauen geführt. Ehrenamtlich engagiert sie sich unter anderem für das Deutsche Institut für Wirtschaftsforschung.

Neulich habe ich von meinem Büro am Potsdamer Platz in Berlin wenige Fußschritte weit einen kurzen Ausflug in eine andere Welt gemacht. Ich war nach langer Zeit wieder einmal im Berliner „Museum für Kommunikation" – vielen Deutschen besser bekannt unter dem Namen „Postmuseum". Seit 1872 wird in diesem mächtigen Haus vom intrinsischen Kommunikationsbedürfnis des Menschen erzählt. Ob Faustkeil, Papyrusrolle, Morsekabel oder Tastenhandy: Das Mitteilungsbedürfnis unserer Spezies wohnt tief in uns – und es ist unstillbar. Ich habe die sehr moderne und klug arrangierte Zeitreise in die Kommunikationsgeschichte mit ganz neuen Augen gesehen: Kommunikation ist immer mit Mobilität verknüpft, mit Bewegung.

Selbst das Raunen am Lagerfeuer der Urzeitmenschen setzte voraus, dass sich die Menschen aufmachen, um sich zu treffen und miteinander zu sprechen. Und wenn die jüngste Neuigkeit über den Nachbarstamm von nebenan sich nicht von Mund zu Mund weitertragen lässt, muss sich halt die Neuigkeit selbst auf den Weg machen. Zwischen Sender:in und Empfänger:in: Ob per reitenden Boten, per Telefonkabel oder SMS-Digitalschnipsel. Kommunikation hat immer etwas mit unterwegs sein zu tun.

Dazu hängt zentral, in der großen historischen Ausstellungshalle des Museums, ein fantastisches, wunderbares Kunstwerk des Düsseldorfer Künstlers Stefan Sous. Er hat eine Postkutsche aus dem Jahr 1880 in ihre 125 Einzelteile zerlegt und sie als Korpus an 195 Drahtseilen von der hohen Decke abgehängt. „Berliner Luftpost" nennt er sein Werk. Und tatsächlich schwebt dieses technische und unvergleichlich elegante Frühmodell öffentlicher Mobilität in leuchtendem Postgelb über den Besucherköpfen. Es animiert zum Träumen und zum Nachdenken [41].

Diese skelettierte Postkutsche erinnert mich an Güterwagen. Wie viel Einzelteile braucht es eigentlich, damit bei uns, der DB Cargo, „der Wagen rollt"? Vor 200 Jahren genügten 125 hölzerne – handwerklich meisterhaft bearbeitete – Teile, damit Goethe Italien bereiste, damit der Westen der USA besiedelt wurde, damit Kaiser:innen, König:innen und Zar:innen ihre damalige Welt erkunden und regieren konnten.

Wie viel Komplexität brauchen wir heute für Kommunikation, für Mobilität und Bewegung? Natürlich habe ich mit meinem Smartphone ein Foto aus der Museumshalle aufgenommen, es auf meinem Social-Media-Profil geteilt und an eine Freundin in Neuseeland geschickt. Ganz easy?

Digitale Kommunikation versteckt oft die Komplexität hinter den Dingen, hinter all den smarten Items, die schmeichlerisch in unseren Händen liegen. Manchmal wäre mehr Transparenz gut. Eine Suchanfrage im Internet zur ersten Mondlandung bedarf mehr Algorithmen-Schleifen als der gesamte Flug einer Apollo-Mondmission 1969. Entsprechend ist der Energiebedarf für diese Rechenleistung höher. Wäre das Internet ein Land, so hätte es den dritthöchsten Stromverbrauch, nach China und den USA. Das ist eine Wahrheit, der sich eine digitale Gesellschaft – und auch die Tech-Firmen – stellen müssen.

In meinem Business liegt der Fall genau anders herum. Ein Güterwagen auf schienen besteht im Grunde aus ungefähr ebenso wenigen Teilen wie die Postkutsche von 1880. Nur rollt bei uns ein Wagen mit Rädern aus Stahl auf Stahlschienen. Es gibt eine Ladefläche und ganz verschiedene Arten der Ladungssicherung und Überdachung. Es gibt eine Kupplung, Puffer, Luftleitung und Bremsen: fertig! Und gerade bei unserem allerneuesten Modell ist der Wagen auf das Wesentliche reduziert. Wir können für unsere Kunden den Wagen gestalten, wie es die Ladung erfordert, ob nun Baumstämme, Stahlplatten, Lebensmittel oder Container transportiert werden sollen. Wir haben genau hingeschaut. Und eines festgestellt: Richtig innovativ ist es, Komplexität zu reduzieren. Das ist bei einer App auf dem Smartphone nicht anders als bei einem 3.000 Tonnen schweren Güterzug.

Rund 200 Jahre schon rollt die geniale Erfindung der Eisenbahn durch Europa und die Welt. Sie hat vieles verändert. Und sie ist aktueller denn je. Denn kein Verkehrsmittel verwendet seine Antriebsenergie so achtsam wie ein Zug. Es gibt nahezu keinen Rollwiderstand, wenn Stahl auf Stahl rollt. Eine einzige Lok schafft bis zu 3.000 Tonnen Fracht, 740 Meter lang kann ein Güterzug derzeit in Deutschland sein, in anderen Ländern sogar deutlich länger. Gesteuert durch einen einzigen Menschen, einer Lokführerin oder einem Lokführer. Überholen Sie mal 52 Lastwagen auf der Autobahn und beachten Sie, wie lange das dauert. Jeder einzelne Güterzug von DB Cargo entlastet unsere Straßen um bis zu 52 Lastwagen!

Also: Wenn wir unseren Planeten vor klimaschädlichem CO_2 und Verkehrsinfarkten bewahren wollen, ist die Lösung gar nicht schwierig. Wir können sogar weiter unseren Wohlstand genießen, wir können weiterhin auf globale, weltweite Lieferketten setzen. Wir müssen nur auf den Primat des klimafreundlichsten Verkehrsträgers setzen. Und das geht ganz einfach – mit dem Umweltnetzwerk unserer Eisenbahnen. Gerade Güterzüge sind schon lange global unterwegs. Wir fahren mit unseren Güterzügen vom Ärmelkanal bis ins polnische Krakau, von Valencia bis weit über den Polarkreis nach Schweden. Und immer häufiger rollen wir über die neue Seidenstraße von Europa nach China und zurück: Duisburg – Shanghai. ▶

177

Wir fahren mit einfachen Wagen, mit einer starken Lok – und wir digitalisieren alle diese Assets und alle Betriebsschritte. Wir bilden den analogen Transportweg digital im Internet ab. Kunden können die Lieferketten zu jeder Zeit verfolgen – sie können sogar digital den Zustand Ihrer Ladung erkennen. Unsere Lokführer:innen sparen schon heute Tausende Tonnen CO_2 ein, weil ihnen ein digitaler Co-Pilot Tipps für eine energiesparende Fahrweise gibt. Und das ist nur der erste Schritt zu einem automatisierten Fahrbetrieb, bei dem sich die Sicherungssysteme entlang der Strecke und in einem Zug gegenseitig überwachen. Auf unseren Güterbahnhöfen bringen wir Kameras mit Künstlicher Intelligenz bei, Schäden am Zug zu erkennen, bevor sie folgenschwer werden. Zentrales Sicherheitsfeature ist die Bremsprobe: Güterzüge können weit über 3.000 Tonnen schwer und 700 Meter lang sein. Jedes Mal, wenn wir einen Güterzug neu zusammengestellt und gekuppelt haben, müssen wir prüfen, ob die Bremsen auch richtig funktionieren – an jedem einzelnen Wagen. Rangiermitarbeitende und Lokführer:innen haben bislang diesen zeitaufwendigen Prozess analog absolviert. Bis zu 45 Minuten dauert der Kontrollgang – buchstäblich: Denn Güterzüge sind meist 40 Wagen lang. Die Digitalisierung ermöglicht diesen Check deutlich schneller – und wir gewinnen neben dem sehr bewährten Vier-Augen-Prinzip der Mitarbeitenden noch eine weitere Sicherheitsdimension.

Aber es gibt noch einen harten und wirklich analogen Job im Schienengüterverkehr: Allein in meinem Unternehmen, der DB Cargo, packen unsere Rangierbegleiter:innen rund 70.000 Mal am Tag eine 30 Kilo schwere Kupplung auf Schulterhöhe, um ihn mit einem anderen Wagen zu verbinden. Kettlebells braucht bei DB Cargo keine:r. Dieses Kuppeln und „Zugbilden" kann zukünftig durch eine digital-automatische Kupplung deutlich schneller und leichter ablaufen. Unsere Mitarbeitenden können sich dann mit mehr Hirn- und weniger Muskelschmalz auf ihren Job fokussieren und finden bessere Arbeitsbedingungen vor. Wir schicken derzeit den ersten digitalen Testgüterzug über die Schienen Europas. Denn nur, wenn wir es schaffen, einheitlich alle Güterwagen in Europa auf diesen digitalen Standard zu bringen, kann der klimafreundliche Transport über die Schiene an Fahrt gewinnen. 450.000 Güterwagen müssen dazu in Europa umgerüstet werden. Das ist ein echtes Mammutprojekt, welches wir nur mit einem klaren europäischen Commitment schaffen: Digitalisierung hilft – wenn wir sie mit Rahmenbedingungen, guten Standards und Spielregeln versehen.

Ein mit Sensoren und Navigationsmodulen ausgestatteter Güterwagen kann jederzeit mitteilen, wo er ist, wie es dem Wagen und vor allem auch seiner Fracht geht.

Dann haben vor allem unsere Kunden den größten Nutzen von dieser Investition. Planbarkeit ist die Währung in der Logistik. Ein mit Sensoren und Navigationsmodulen ausgestatteter Güterwagen kann jederzeit mitteilen, wo er ist, wie es dem Wagen und vor allem auch seiner Fracht geht. Damit lässt sich die Versorgungskette besser planen. Viele Industriekunden sprechen heute nicht mehr von Just-in-Time, sondern von „Just-in-Sequence".

Ein gutes Beispiel liefert die Stahlindustrie. Stahlwerke haben aufwendige Produktionszyklen und brauchen oft eine kleinteilige Auslieferung ihrer schweren Metalle. Wir haben dazu einen „Bayern-Shuttle" eingerichtet: Zwischen den Automobilwerken in Bayern und einem Stahlhersteller in Österreich rollt dank digitaler Steuerung ein hocheffizienter Kreislaufverkehr. Der funktioniert nach dem Prinzip des amerikanischen Milchmanns: Er kommt morgens und ersetzt die leeren Milchflaschen durch neue, frisch gefüllte. Genau in der Menge, wie sie der Kunde an diesem Morgen braucht. Unser Bayern-Shuttle bringt jeden Tag tonnenschwere, hochwertige Stahlrollen zu den Autofabriken und hält an mehreren Stellen zum Abladen. Passgenau in der Menge und in der richtigen Reihenfolge der unterschiedlichen Stahlsorten – so wie es die Tagesproduktion erfordert. Auf dem Rückweg ins Stahlwerk sammelt der Zug Metallschrott aus den Autofabriken ein – auch das ist ein hochwertiger Rohstoff für die nächsten Produktionszyklen. Alle Beteiligten sind dabei in Echtzeit vernetzt ▸

und können diesen CO_2-freien Rundlauf transparent und schnell steuern: Der Hersteller, seine Kunden in den Automobilwerken – und wir von der Bahnlogistik auf der Schiene.

Wenn wir nicht zurück aufs Postkutschenzeitalter blicken, sondern nach vorne, dann steht hinter der digitalen Dekade für Europa eine Erkenntnis: Auch in zehn Jahren werden wir weder Container noch Menschen digital von A nach B beamen. Aber wir digitalisieren das Management der Transportkette. Das bringt mehr Güter auf die klimafreundliche Schiene. Schon heute stößt ein Güterzug im Vergleich zum Straßentransport rund 80 bis 100 Prozent weniger CO_2 aus.

Was braucht es nun, um dieses große Ziel zu erreichen? Etwas, das zunächst mal kein Geld kostet: Die Bereitschaft, dass wir uns als Konsumierende verändern. Wir können mit nachhaltigen Kaufentscheidungen dafür sorgen, dass mehr Güter über den Schienenweg zu uns gelangen. Und wir können mit klugen Rahmenbedingungen für Unternehmen dafür sorgen, dass die Entscheidung für das ökologisch sinnvollste Verkehrsmittel zugleich auch ökonomisch die sinnvollste Wahl ist. ∎

Top 3

1

Schienengüterverkehr, der durch den **Einsatz digitaler Tools** noch effizienter und verlässlicher ist, stellt einen Hauptstellhebel für mehr **Klimaschutz** dar. Ein einzelner Güterzug entlastet Straßen um bis zu 52 Lastwagen.

2

Planbarkeit ist die Währung der Logistik. Ein mit Sensoren und Navigationsmodulen ausgestatteter intelligenter Güterwagen kann heute schon jederzeit mitteilen, wo er ist, wie es dem Wagen und vor allem seiner Fracht geht. Damit lässt sich die gesamte Versorgungs- und Wertschöpfungskette für alle Beteiligten besser planen und bei Störungen schneller reagieren. Dank der Digitalisierung des Bahnbetriebs kann der Schienengüterverkehr sich besser in den Produktionstakt seiner Kundschaft einschwingen, Just-in-Sequence. Dank digitaler Steuerung pendeln heute schon Güterzug-Shuttles im hocheffizienten Kreisverkehr zwischen Automobilwerken in Bayern und einem Stahlhersteller in Österreich.

3

Konsument:innen können mit ihrem Kauf- und Konsumverhalten dafür sorgen, dass noch mehr Güter über die klimafreundliche Schiene rollen. Und wir können mit klugen Rahmenbedingungen für Unternehmen dafür sorgen, dass die Entscheidung für ein ökologisch sinnvolles Verkehrsmittel zugleich auch ökonomisch eine gute Wahl ist.

Takeaways

(Ver-)Traut
euch!

Ein **Plädoyer** für den **dringend** notwendigen **Kulturwandel** in Unternehmen

Anna Kaiser ist zusammen mit Jana Tepe Gründerin & Geschäftsführerin von Tandemploy, einer Tech-Firma, die seit 2014 die Arbeitswelt auf den Kopf stellt. Für ihre Arbeit wurde sie mehr als 25 Mal ausgezeichnet. Sie ist eine der 40 führenden HR-Köpfe, LinkedIn Top Voice, gehört zu den „25 Frauen, die unsere Wirtschaft revolutionieren", war unter den „IT-Women of the Year 2018" und vieles mehr. Ihr Wunsch, die Arbeitswelt anders und besser für alle zu gestalten, führte Kaiser zur Mitgründung von Tandemploy. Gemeinsam mit ihrem Team entwickelt sie Software, die Konzerne sowie Mittelständler darin unterstützt, neue Strukturen und Arbeitsmodelle in die Praxis umzusetzen. Ihr Anliegen einer vernetzten, innovativen und zukunftsgewandten Arbeitswelt diskutiert sie auch auf höchster politischer und gewerkschaftlicher Ebene, ist im Beirat „Junge Digitale Wirtschaft" des Bundeswirtschaftsministeriums und im „Ethikbeirat HR-Tech" engagiert. Mit encourageventures e. V. macht sie sich für mehr Frauen in der Gründer:innen- und Investor:innenszene stark.

Die Digitalisierung ist gekommen, um zu bleiben. Sie ist kein Trend, der irgendwann wieder abebbt. Sie ist nicht nur Twitter und nicht nur Facebook und nicht nur TikTok – Dinge, die man nutzen kann, wenn man möchte, oder eben auch nicht. Die Digitalisierung ist ein evolutionärer Schritt, der die Art und Weise, wie wir (miteinander) leben, fundamental verändert – ob wir wollen oder nicht. Es geht längst nicht mehr darum, ob wir da mitmachen, sondern wie wir da mitmachen. Als Zuschauende oder als Gestaltende, als Mitlaufende oder als Vorreiter:innen (wobei diese Rollen durchaus wechseln können).

Evolution auf Speed – so könnte man die Entwicklungen der vergangenen zehn Jahre beschreiben. Denn während sich tiefgreifende Veränderungen in der Vergangenheit eher in Jahrzehnten vollzogen haben, hat die Digitalisierung unser Zusammenarbeiten und -leben binnen kürzester Zeit mindestens infrage, aber in vielerlei Hinsicht auch komplett auf den Kopf gestellt. Und wie das so ist, wenn man auf dem Kopf steht: Der Blick auf die Dinge ändert sich und neue Perspektiven halten Einzug. Mit dem technologischen Fortschritt ergeben sich unendlich viele Möglichkeiten, die (Arbeits-) Welt neu zu gestalten. Das ist toll, vor allem für die Menschen, die noch ein ganzes Stück Zukunft vor sich und

erkannt haben, dass das, was wir bisher als einzig mögliche Form des Produzierens und Konsumierens erachtet haben, nur eine von vielen Möglichkeiten ist – und beileibe nicht die beste.

Unsere Welt steht an einem Wendepunkt. Der Klimawandel als größte Herausforderung unserer Zeit macht ein Umdenken in allen Bereichen des Zusammenlebens unausweichlich. Er verlangt von uns allen eine intensive Auseinandersetzung mit unserem Verhalten – als Individuen, aber auch als Teile unterschiedlicher Gemeinschaften, von denen wirtschaftende Organisationen ein sehr bedeutender Teil sind. Denn in ihnen ist ein großer Teil unserer Kraft und unserer Lebenszeit gebunden. Die Welt können wir nicht nach Feierabend verändern! Wir können und wir müssen sie in unseren Arbeitsumfeldern und aus Organisationen heraus gestalten. Vor diesem Hintergrund sind Unternehmen ein entscheidender Treiber, wenn nicht gar der wichtigste, auf dem Weg in eine lebenswerte und enkeltaugliche Zukunft. Sie müssen sich jetzt entscheiden, wie sie diese verantwortungsvolle Aufgabe wahrnehmen möchten. Ich hätte da ein paar Ideen:

Neue Arbeit braucht neue Regeln – und eine neue Führungskultur

Die „Pandemiejahre" 2020 und 2021 haben uns mit aller Deutlichkeit vor

Augen geführt, dass das krampfhafte Festhalten an alten Denkmustern und Regeln angesichts von großen, nicht planbaren Veränderungen in vielen Fällen in eine Sackgasse führt. Im Umgang mit der Pandemie gibt es keinen Erfahrungsschatz und kein hundertfach erprobtes Regelwerk, auf das wir zurückgreifen könnten. Ebenso wenig für den Klimawandel oder für die Veränderungen, wie die Digitalisierung sie tagtäglich mit sich bringt.

Was uns wirklich weiterbringt, ist eine Haltung zu entwickeln und einen gemeinsamen Wertekanon: Wie wollen wir miteinander leben? Wie wollen wir arbeiten? Was ist uns wirklich wichtig? Diesen Dialog anzustoßen ist aus meiner Sicht die wichtigste initiale Führungsaufgabe unserer Zeit.

Ein Unternehmen zu führen heißt längst nicht mehr, nur anzuweisen und Regeln durchzusetzen. Vielmehr geht es darum, zuzuhören, immer und immer wieder, und offen zu sein für die Antworten, auch die unbequemen. Führung heißt auch, Vertrauen in die Menschen zu haben. Wer anderen nichts zutraut, kann an der Komplexität der Welt nur scheitern, schrieb der Autor und Mentor Emilio Galli Zugaro einmal sinngemäß in der Wirtschaftszeitschrift brand eins [42]. Wir dürfen und wir müssen den Menschen um uns herum etwas zumuten, wenn wir die großen Herausforderungen der Zeit lösen wollen.

Wir dürfen und wir müssen ihnen aber vor allem auch etwas zutrauen. Statt mehr Verwaltung und mehr Kontrolle brauchen wir alle mehr Gestaltungsspielräume. Stell dir eine Welt vor, in der wir mit weniger, aber dafür mit richtig sinnvoller Arbeit mehr erreichen! Und mit weniger Regeln, dafür aber mit richtig guten! Und mit „mehr erreichen" meine ich nicht das ewige „Höher, Schneller, Weiter", das unsere Welt und viele Seelen in einen schlechten Zustand versetzt hat. Ich meine mehr Freude, ein besseres Leben, neue Erkenntnisse, eine gesunde Natur und mehr Menschlichkeit!

Tandemploy Work-hack: Stärken stärken

Erfahrungsgemäß fällt es Menschen leichter, ihre Stärken auszubauen, als immer wieder an ihren Schwächen zu arbeiten. Und mehr Spaß macht es auch, was wiederum gut ist, um motiviert zu bleiben. Wir legen daher Wert darauf, dass jede und jeder im Team möglichst eng entlang ihrer oder seiner Talente arbeiten kann. Aufgaben, die Mitarbeitenden nicht liegen, können entweder direkt mit dem oder der Tandempartner:in oder auch mit einem anderen Teammitglied getauscht werden. Über unseren Slack-Kanal können Kolleg:innen To-dos posten, die sie gern abgeben möchten, weil sie ihnen nicht liegen. Dadurch entstehen Kon- ▶

> **Digital Leadership heißt** in erster Linie, **Orientierung** zu geben und **Mitarbeitende stark zu machen**, sodass diese abseits von eingefahrenen **Prozessen selbstbewusst** und selbstwirksam **agieren** können.

takte zwischen Kolleg:innen aus unterschiedlichen Teams, und es bildet sich ein Bewusstsein, wer bestimmte Dinge besonders gut kann.

Der digitale Wandel beginnt bei den Menschen

Ist das ein Aufruf zum Regelbruch? Zur Abkehr von allem, was bisher in Unternehmen galt? Nein, natürlich nicht. Es ist vor allem ein Aufruf zum fundamentalen Kulturwandel in Unternehmen, der die Grundvoraussetzung für eine gelingende digitale Transformation bildet. Die ehemalige Siemens-Vorständin Janina Kugel hat in einem Interview mit dem Human Resources Manager gesagt: „Viele verstehen unter Rebellentum, dass sie gegen etwas sind. Wenn wir jedoch etwas verändern wollen, brauchen wir zwar rebellische und innovative Gedanken, aber wir müssen gleichermaßen in der Lage sein, die Systeme zu bespielen, die Regeln zu kennen und die Menschen mitzunehmen."

Und mitnehmen heißt in dem Zusammenhang nicht, dass Unternehmen ihre Mitarbeitenden bei jedem Schritt an die Hand nehmen müssen. Ganz im Gegenteil: Führung im Sinne eines Digital Leadership heißt dann in erster Linie, Orientierung zu geben und Mitarbeitende stark zu machen, sodass diese abseits von eingefahrenen Prozessen selbstbewusst und selbstwirksam agieren können. Dafür braucht es eben jenes geteilte Werteverständnis, das Organisationen gemeinsam mit ihren Mitarbeitenden aufspüren können und sollten. Denn ins Machen kommt man am besten, wenn man weiß, warum und wozu etwas angepackt, neu gedacht, verändert oder entwickelt werden sollte.

Die Frage nach den inneren Treibern einer Organisation, aber auch denen der Menschen in der Organisation, ist essenziell. Ein gemeinsamer Purpose ist das, was bleibt, auch wenn sich Rahmenbedingungen und Prozesse fundamental wandeln. Dasselbe gilt für eine starke Kultur der zwischenmenschlichen Verbindungen: Organisationen, in denen die einzelnen Glieder stark miteinander verbunden sind, kann so schnell nichts erschüttern. „Vulnerable Leadership", also ein Führungsstil, der auf Offenheit, Zuhören und Fragen setzt und der Fehler zulässt, Reflexion und Lernen ermöglicht, fördert eine Kultur des Miteinanders auf Augenhöhe, gibt Sicherheit und motiviert, neue Dinge einfach mal auszuprobieren.

Tandemploy Work-hack: Open doors, open ears

Man könnte auch sagen: Hang out with your boss. An diesem Tag (oder an mehreren Tagen) nehmen wir uns als Geschäftsführerinnen ganz bewusst Zeit, um mit unseren Mitarbeiten-

den zu sprechen. Es gibt keine feste Agenda und auch keine Einzeltermine. Stattdessen sitzen wir im (digitalen) Meetingraum, die Tür steht offen, das Handy ist auf stumm geschaltet, und unsere Kalender sind geblockt. Alle Kolleg:innen sind eingeladen, nach Belieben vorbeizuschauen – auf einen (virtuellen) Kaffee, für ein Gespräch, mit einer Idee, mit Fragen – alles kann, nichts muss. Es geht ums Zuhören und um bewusste Zeit für Austausch ohne eine feste Meeting-Struktur. Und um gemeinsame „Quality Time" ohne Termindruck.

Maximal beweglich: Was Unternehmen von Start-ups lernen können

Wie muss sich mein Unternehmen also verändern, damit es einen Beitrag zu den sozialen und ökologischen Herausforderungen in der Welt leisten kann? Wie müssen sich Organisationsform und Arbeitsweise ändern, damit wir mit den neuen digitalen Wettbewerbern und den sich rasant verändernden Märkten mithalten können?

Diese Fragen stellen sich aktuell viele Unternehmen, erst recht die, die mit der Coronakrise ins Straucheln geraten sind. Dieser Prozess ist anstrengend, manchmal auch schmerzhaft, aber er ist wichtig. Indem sich Unternehmen für Impulse von außen öffnen, haben sie die Chance, ihn besser zu bewältigen. Impulse etwa aus ▸

der Start-up-Szene, in der maximale Beweglichkeit keine Ausnahme, sondern eher der Normalzustand ist (oder es sein sollte). Sich immer wieder neu auszurichten, mitunter sogar das komplette Geschäftsmodell umzustellen, hat hier eine eigene Begrifflichkeit: „Pivoting". Dabei bleiben die Vision, der Zweck und die Kultur der Organisation erhalten, während es im Hinblick auf Produkt, Zielgruppe und Vertriebskanäle einen radikalen Kurswechsel geben mag. Auch mit unserem Tech-Unternehmen Tandemploy, das wir 2013 gegründet haben und das mittlerweile der Start-up-Phase entwachsen ist, haben wir 2015 erfolgreich pivotiert: Statt eines Jobsharing-Portals für Kandidat:innen entwickeln wir heute eine hochdisruptive Talentmarktplatz-Software für Unternehmen. Unser Mindset als Gründer:innen und unsere Vision einer besseren, menschlichen Arbeitswelt ist dabei unverändert geblieben und geht über unser Produkt in Organisationen über. Wir sind quasi die im Zusammenhang mit Corona viel besprochene mRNA für die digitale Transformation unserer Kundschaft aus sich selbst heraus.

Mit unserer 180-Grad-Drehung und der Neuausrichtung unseres Produkts sind wir nicht die Ausnahme, sondern eher die Regel in der Start-up-Welt. Viele etablierte Unternehmen haben sich unterwegs komplett neu aufgestellt:

- **Slack:** Eigentlich ein internes Tool, um auf kurzem Wege mit den Programmierer:innen bei der Entwicklung eines Online-Games (das eigentliche Produkt) zu kommunizieren, wurde schließlich selbst zum Hauptprodukt.

- **Instagram:** Als Check-in-App für Orte gestartet, ist Instagram heute eine der größten Social-Media-Plattformen für Foto-und Videoinhalte.

- **UpReach:** Aus der Selfie-Konsole wurde in der Coronakrise eine Experience Marketing Software.

Sie alle standen einst vor der Frage, wie sie ihre Vision unter neuen Bedingungen umsetzen können, inwieweit sie ihr Produkt anpassen müssen und wie sie sich und ihre Teams neu aufstellen müssen, um ihr Ziel bestmöglich zu erreichen. Hat sie dieser Schritt ins Ungewisse geängstigt? Hatten sie Zweifel? – Mit Sicherheit. Und doch sind sie losgegangen und haben es probiert, in dem Wissen, dass ein Festhalten am bestehenden Geschäftsmodell weit schlimmere Konsequenzen hätte. In seiner Präsentation zum Thema Resilienz auf der HR Technology Conference

& Exposition 2020 brachte es Marcus Buckingham, New-York-Times-Best-sellerautor, sehr schön auf den Punkt: „We do not need leaders to sugarcoat things for us and pretend things are going to go back to normal. [...] What makes people feel better is reality. [...] If we know the changes that are going to happen at work, we're not only fine, we're better. We're stronger."

Tandemploy Work-hack: Dynamische OKRs

Wir arbeiten strategisch, allerdings nicht im Hinblick auf die nächsten fünf oder zehn Jahre. Stattdessen setzen wir uns Ziele für die kommenden drei Monate, die wir mit konkreten Meilensteinen verknüpfen. Hierfür arbeiten wir mit dem Framework der Objectives und Key Results (OKRs). Es gibt sowohl organisationale OKRs als auch individuelle, die jede:r im Team für sich festlegt. Diese sollten genauso auf das Unternehmensziel einzahlen. Nach drei Monaten setzen wir uns zusammen und stellen die OKRs auf den Prüfstand: Was haben wir erreicht? Was nicht? Was haben wir gar nicht weiter verfolgt, obwohl wir es geplant hatten? Stellt sich heraus, dass manche Ziele sich nicht mehr gut und richtig anfühlen, werden sie gegebenenfalls einfach verworfen und durch neue ersetzt, die wir für sinnvoller erachten. So halten wir nicht unnötig an Vorhaben fest, nur weil sie auf dem Papier stehen. Im Zweifel überwiegt unser Gespür für das, was um uns herum passiert und was jetzt im Moment gefragt ist. Bauchgefühl ist dabei absolut erwünscht.

Lauft los und genießt den Ausblick!

Die Realität, von der Buckingham spricht, kann morgen schon anders aussehen als heute. Statt starrer Strukturen brauchen Unternehmen also eine „Neue Beweglichkeit", die sie auch unter veränderten Bedingungen handlungsfähig bleiben lässt. Statt eines Managements, das jeden Schritt planen und kontrollieren möchte, brauchen Organisationen einen stärkeren Fokus auf das, was da ist, und eine Investition in die eigene Stärke. Denn ihre wertvollste Ressource, um in einer komplexen Welt zu bestehen und gestärkt aus Veränderungen hervorzugehen, haben Unternehmen bereits: ihre eigenen Mitarbeitenden. Jetzt ist es an der Zeit, gemeinsam mit ihnen loszulaufen und genau zu schauen, welche Talente und Fähigkeiten im Unternehmen vorhanden sind und wie sie bestmöglich miteinander verknüpft werden können, um neu zu starten und die eigene (digitale) Zukunft in die Hand zu nehmen. ∎

189

Top 3

Die Welt können wir nicht nach Feierabend verändern! Wir können und wir müssen sie in unseren Arbeitsumfeldern und aus Organisationen heraus gestalten. Unternehmen sind ein entscheidender Treiber, wenn nicht gar der wichtigste, auf dem Weg in eine lebenswerte und enkeltaugliche Zukunft.

1

„Führung heißt auch, Vertrauen in die Menschen zu haben. Wer anderen nichts zutraut, kann an der Komplexität der Welt nur scheitern" – Emilio Galli Zugaro. Wir müssen den Menschen um uns herum etwas zumuten, wenn wir die großen Herausforderungen der Zeit lösen wollen – und ihnen gleichzeitig aber vor allem auch etwas zutrauen.

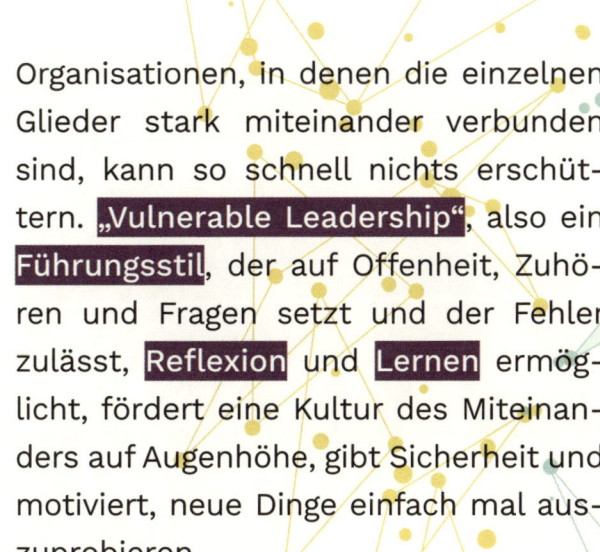

2 Organisationen, in denen die einzelnen Glieder stark miteinander verbunden sind, kann so schnell nichts erschüttern. „Vulnerable Leadership", also ein Führungsstil, der auf Offenheit, Zuhören und Fragen setzt und der Fehler zulässt, Reflexion und Lernen ermöglicht, fördert eine Kultur des Miteinanders auf Augenhöhe, gibt Sicherheit und motiviert, neue Dinge einfach mal auszuprobieren.

3 Sich immer wieder neu auszurichten, mitunter sogar das komplette Geschäftsmodell umzustellen, hat hier eine eigene Begrifflichkeit: „Pivoting". Dabei bleiben die Vision, der Purpose und die Kultur der Organisation erhalten, während es im Hinblick auf Produkt, Zielgruppe und Vertriebskanäle einen radikalen Kurswechsel geben mag.

Takeaways

Ein pos

itives
Narrativ für die digitale
Transformation Europas

Ute Wolf ist Finanzvorständin von Evonik Industries und war unter anderem für den Einstieg des britischen Investors CVC bei Evonik, den Börsengang von Evonik sowie die Transformation von einem Mischkonzern zu einem Spezialchemie-Unternehmen verantwortlich. Ehrenamtlich ist Wolf im Rotary Club sowie als Schatzmeisterin der Atlantik-Brücke tätig.

Digitalisierung ist eine, wenn nicht sogar die entscheidende Grundlage für die Wettbewerbsfähigkeit moderner Unternehmen. Es gibt zunehmend Bedarf an individualisierten Lösungen und immer kürzere Innovationszyklen. Weltweit entstehen mit der Hilfe digitaler Technologien bereits überzeugende Ansätze, wie dieser Herausforderung begegnet werden kann. Insbesondere für global tätige Unternehmen aus Europa ist es daher notwendig, dass die Europäische Union ihnen bestmögliche Voraussetzungen für den Erfolg im weltweiten und von der Digitalisierung geprägten Wettbewerb bietet. Hier sind Verbesserungen nötig – und erreichbar. Ohne sie wird die EU langfristig kein attraktiver Wirtschaftsstandort bleiben. Dabei geht es auch über ▸

„Tatsächlich bestimmt die **Digitalisierung** mit all ihren **Nutzungs-** und **Anwendungsmöglichkeiten** auch, wie wir als Gesellschaft unseren **Weg in die Zukunft** gehen.

wirtschaftlichen Erfolg hinaus um viel: Tatsächlich bestimmt die Digitalisierung mit all ihren Nutzungs- und Anwendungsmöglichkeiten auch, wie wir als Gesellschaft unseren Weg in die Zukunft gehen.

Entscheidungsträger:innen in Politik und Gesellschaft wissen längst, welche Voraussetzungen erfüllt sein müssen, damit die Digitalisierung in Europa erfolgreich sein kann. Allerdings gelingt der digitale Wandel nicht allein durch eine Reihe von Einzelerfolgen. Vielmehr ist in einem vernetzten Europa ein gesamtgesellschaftlicher Aufbruch nötig – überzeugt, entschlossen und umfassend. Die von der EU-Kommission auf den Weg gebrachte digitale Dekade Europas kann dazu einen wichtigen Beitrag leisten.

Bis heute aber tastet sich Europa auf seinem Weg im digitalen Zeitalter eher langsam und zögerlich voran. Skepsis und Kritik haben bei der Suche nach gemeinsamen, überzeugenden Lösungen ihren Platz – sie dürfen uns aber nicht dazu verleiten, auf Abstand und Abwarten zu setzen, wenn es gilt, wichtige Chancen rechtzeitig zu nutzen. Die Dringlichkeit des Themas zeigt sich nicht nur darin, dass Digitalisierung längst keine abstrakte, vom Alltag der Menschen weit entfernte Angelegenheit mehr ist; im privaten Bereich sind digitale Geräte und Dienstleistungen oft schon selbstverständlich. Auch das Tempo, mit dem digitale Produkte, Dienstleistungen und Geschäftsmodelle auf anderen Kontinenten entwickelt und implementiert werden, mahnt zur Eile.

Keine einzige Branche ist von der digitalen Transformation ausgenommen. Auch ein seit Jahrzehnten erfolgreiches und bestens verankertes Geschäftsmodell kann morgen wertlos sein. Sei es durch disruptive Entwicklungen, die ganze Branchen umwälzen, oder durch eine Verschiebung der Position in der Wertschöpfungskette, wie es beim Einstieg digitaler Plattformen in verschiedensten Geschäftsfeldern schon zu beobachten war und ist. Ebenso gilt allerdings: Auch fest etablierte Unternehmen mit ihrem bestehenden Wettbewerbsvorsprung haben handfeste Chancen, durch neue digitale Angebote, Arbeitsabläufe und digital vorangetriebene Innovationen weiterhin erfolgreich zu bleiben.

Vor diesem Hintergrund freut es mich, dass ich Finanzvorständin (CFO) in einem Unternehmen sein darf, das früh die Möglichkeiten der Digitalisierung erkannt und ergriffen hat. Evonik ist ein weltweit führendes Unternehmen der Spezialchemie. Einerseits reichen die historischen Wurzeln bis in die Anfänge der deutschen Industrialisierung in der ersten Hälfte des 19. Jahrhunderts zurück. Andererseits sieht sich Evonik heute als ein Vorreiter der Digitalisierung in der chemischen Industrie.

Die Branche insgesamt nimmt eine zentrale Rolle bei der digitalen Transformation ein. So steuert sie die materiellen Grundlagen bei, durch die sich digitale Technik erst herstellen lässt: ohne Chemie keine Halbleiter, keine Virtual Reality, keine Handys, keine Glasfaserleitungen. Evonik ist über Wertschöpfungsketten mit Kunden und Lieferanten aus verschiedensten Industrien stark vernetzt. Einheitliche Standards, eine moderne IT-Infrastruktur und die Entwicklung gemeinsamer digitaler Plattformen sind Grundlagen für eine effiziente und effektive Geschäftsabwicklung.

Ein anderer Berührungspunkt ergibt sich intern: Unsere Geschäftsprozesse und internen Abläufe müssen sich kontinuierlich verbessern, damit wir wettbewerbsfähig bleiben. Gerade im CFO-Ressort spielen dabei die Möglichkeiten digitaler Technologien eine große Rolle. Besonders durch die starke Vernetzung über Unternehmensgrenzen hinweg ergeben sich für Evonik auch in Zukunft enorme Potenziale für Prozessverbesserungen.

Wir haben eine klare digitale Agenda zur Nutzung dieser Potenziale definiert. Zu den Ansatzpunkten gehören so verschiedene Themen wie automatisierte Rechnungsbearbeitung bis hin zum Einsatz von Machine Learning für die Prognose des Cashflows oder von Künstlicher Intelligenz zur ▶

besseren Vorhersage von Rohstoffpreisentwicklungen. Digitalisierung ist also nicht ausschließlich effizienzgetrieben im Einsatz, sondern erhöht auch die Qualität und Effektivität unserer Prozesse.

Mit Partnern haben wir zudem erstmals in Deutschland erfolgreich eine gemeinsame Blockchain-Plattform getestet, bei der es um die effiziente Abwicklung von bilateralen Supply-Chain-Prozessen zwischen Unternehmen im Live-Betrieb ging. Im Fokus steht dabei, Bestell- und Zahlungsprozesse komplett automatisiert abzuwickeln – prüfen, zahlen und verbuchen.

Bei Evonik nutzen wir die Chancen digitaler Technologien umfassend auch für Innovationen oder produktionsnahe Problemstellungen: Unser Wissensmanagement im Innovationsbereich wird durch Künstliche Intelligenz (KI) unterstützt. KI-Modelle helfen uns außerdem, die Eigenschaften von Molekülstrukturen vorherzusagen. In der Produktion setzt Evonik unter anderem auf Predictive Maintenance – die Digitalisierung ermöglicht es, Wartungsarbeiten vorausschauend zu planen. So hilft sie, lange und teure Anlagenstillstände zu verringern.

Darüber hinaus verändert die digitale Transformation noch einen weiteren Aspekt unserer Geschäftstätigkeit: Wir nutzen digitale Technologien zur Entwicklung neuer Geschäftsmodelle.

Dienstleistungsaspekte bekommen auch bei Geschäften zwischen Unternehmen in der chemischen Industrie immer mehr Gewicht: Ein gutes Produkt liefern – und dazu passende Serviceleistungen anbieten, die der Kundschaft Vorteile bringen. Zu diesem Angebot von innovativen Anwendungen und Produkten kommt eine veränderte Interaktion mit unseren Kunden hinzu. Auch in unserer Branche sind verstärkt individualisierte Lösungen gefragt.

Ein Beispiel für unsere Aktivitäten ist Coatino®, ein digitaler Laborassistent. Er steht der Farben- und Lackindustrie kostenlos zur Verfügung. Neben einer Produktempfehlungsfunktion bietet Coatino® einen Sprachassistenten für die Lackindustrie, der Antworten auf komplexe Fragen zu Rezepturen und Inhaltsstoffen von Lacken gibt. Auf smarte Art gesellt sich Coatino® so zum bisher üblichen mühsamen und zeitaufwendigen Ausprobieren. Das Beispiel verdeutlicht, dass Innovationen in der chemischen Industrie heute nicht mehr ausschließlich für Produkte und Prozesse stehen – sondern auch für innovativen Service, den erst die Digitalisierung möglich gemacht hat. Coatino® zeigt zudem, wie Evonik das eigene Geschäftsmodell vom erfahrenen Produktlieferanten zum Anbieter umfassender Lösungen weiterentwickeln konnte.

Auch generell zeichnet sich ab, dass das digitale Kundenerlebnis, in der

Innovationen in der chemischen Industrie stehen heute nicht mehr ausschließlich für Produkte und Prozesse – sondern auch für innovativen Service, den erst die Digitalisierung möglich gemacht hat.

Fachsprache Digital Customer Experience (DCX) genannt, wichtiger wird. Dabei geht es nicht nur darum, für Endkund:innen die Suche und Bestellung eines Produkts am heimischen Computer angenehm und reibungslos zu gestalten – auch für Geschäftsabläufe zwischen Unternehmen ist DCX zunehmend interessant. Deshalb kümmert sich ein Team in unserer bereichsübergreifend arbeitenden Digitalisierungseinheit, der Evonik Digital GmbH, um dieses Thema.

So unterschiedlich all die Beispiele für Digitalisierung bei Evonik sein mögen – ihr Erfolg hat gemeinsame Grundlagen. Dazu gehört eine zukunftsfeste und leistungsfähige IT-Infrastruktur. Der Auf- und kontinuierliche Ausbau digitaler Kompetenzen ist wichtig, ebenso die Nutzung zahlreicher Netzwerke und Kooperationen für digitale Innovationen. Nicht zuletzt hat bei Evonik auch das Werben für Offenheit und Freiräume dazu beigetragen, dass wir gute Ideen entwickelt haben, wie digitale Technologien unsere Arbeitsweisen, Prozesse und Produkte besser machen können. Diese Einstellung – bei Evonik auch häufig mit dem Begriff „digitales Mindset" bezeichnet – hilft uns dabei, lösungsorientiert zu denken und pragmatisch die Potenziale digitaler Technologien zu nutzen. ▸

> **Lehrkräfte an Schulen und Hochschulen brauchen solide und zeitgemäße digitale Kompetenz.**

Unterdessen gibt es bei den Voraussetzungen für eine erfolgreiche digitale Transformation in Europa immer noch Nachholbedarf – vielleicht sogar besonders in Deutschland. In der EU ist der große Wurf bislang nicht gelungen. Zu zögerlich, zu kleinteilig, zu schwerfällig kümmert sich Europa immer noch um seine digitale Zukunft. Konkret ist als erster und offensichtlichster Punkt immer noch der Ausbau der digitalen Infrastruktur zu nennen. Unternehmen in Europa können massenhaft digitale Innovationen und Projekte entwickeln – ohne leistungsstarke Netze gehen ihnen im globalen Wettbewerb Tag für Tag Chancen verloren.

Ein weiterer Punkt betrifft die digitalen Kompetenzen. Für Evonik sind sie ein bedeutender Faktor, um innerhalb des Unternehmens die digitale Transformation voranzubringen. Europa aber muss breite digitale Bildungsangebote schaffen. Wer es mit dem Aufstieg durch Bildung ernst meint, kommt in der EU heute nicht mehr um die Vermittlung digitaler Kompetenzen herum. Es geht nicht mehr darum, ob wir die Digitalisierung wollen oder nicht. Es geht darum, ob und wie wir sie mitprägen und wie wir sie uns zunutze machen.

Wer den digitalen Arbeitsalltag bewältigen will, braucht heute Kenntnisse für den Umgang mit digitalen Endgeräten sowie Medienkompetenz und auch grundlegende Fähigkeiten, Daten richtig einzuschätzen und einzusetzen, also Data Literacy. Das betrifft nicht nur Büroarbeit, sondern ebenso die Tätigkeit in Forschungsabteilungen und Produktionsanlagen. Wir tun in Europa also gut daran, uns entsprechend zu befähigen und auszubilden. Evonik beteiligt sich bewusst durch Weiterbildungsangebote für seine Mitarbeitenden daran. Gleichzeitig gilt es, die Förderung digitalen Talents in Schulen und an Universitäten zu stärken. Dafür liegt ein Schlüssel in der Bildungspolitik, die innerhalb der EU die Ausbildung der Ausbilder:innen aktualisieren muss. Lehrkräfte an Schulen und Hochschulen brauchen solide und zeitgemäße digitale Kompetenz. Nur dann können sie Gebrauch und Mehrwert der Digitalisierung überzeugend vermitteln. Europa muss mehr Ehrgeiz entfalten, die digitalen Kenntnisse und Fähigkeiten möglichst vieler Menschen zu stärken und auszubauen. Das liegt nicht nur im legitimen Interesse von Wirtschaft und Unternehmen – es bedeutet auch zukunftsfähige Arbeitsplätze.

Bei Evonik hat sich außerdem gezeigt: Digitale Innovationen entstehen häufig durch Netzwerke und Kooperationen. Auch Venture-Capital-Investitionen tragen dazu bei, die Teilhabe an den rasanten technologischen Entwicklungen in der digitalen Welt zu verstärken. Die EU hat Möglichkeiten, Vernetzung und Venture-Capital-Investitionen auf dem Gebiet der Digitalisierung zu beflügeln. Voraussetzung dafür ist, dass die EU-Initiativen nicht an der EU-Realität scheitern: Europa benötigt für eine gute digitale Transformation weniger administrative Hürden und Bürokratie. Nötig sind klare, attraktive Bedingungen, die Investoren und Kapital anziehen. So lässt sich eine Umgebung schaffen, in der Start-ups gerne ihre Ideen ausprobieren, die Unternehmertum und Gründergeist stärkt.

Das Beispiel Estland zeigt, wie viel Digitalisierungspotenzial auch noch in der öffentlichen Verwaltung liegt, um Vorgänge schneller und einfacher zu machen. Europas Rolle in der Digitalisierung lässt sich außerdem durch die Schaffung eines digitalen Binnenmarkts stärken, zu dem beispielsweise auch einheitliche europäische Datenschutzanforderungen gehören. Europas Politik hat es in der Hand, hier Fortschritte zu erzielen.

All diese Ansätze sind nicht neu, und auch die Hürden, Hemmnisse und Probleme sind hinlänglich bekannt. Sie zu überwinden kann gelingen, wenn wir weniger kollektiven Skeptizismus und mehr gemeinsamen Ehrgeiz und Mut bei der digitalen Transformation Europas an den Tag legen.

Dazu ist auch ein gemeinsames und positives Narrativ notwendig. Denn die digitale Dekade Europas ist nicht bloß eine Frage von Technologieeinsatz, Know-how und Kapital. Es geht genauso darum, den Menschen auf überzeugende Weise zu vermitteln, welche Vorteile ihnen persönlich eine erfolgreiche digitale Zukunft Europas tatsächlich bringt. Das Beispiel Evonik zeigt, wie es einem einzelnen Unternehmen heute schon gelingen kann, die digitale Transformation erfolgreich zu gestalten und dabei einen Mehrwert für seine Mitarbeitenden, die Gesellschaft und die Eigentümer des Unternehmens gleichzeitig zu erzeugen. Ich wünsche mir, dass wir in Europa bald deutlich mehr solcher Geschichten erzählen können. ■

Top 3

1

Die **Spezialchemie-Branche** steuert die materiellen Grundlagen bei, durch die sich **digitale Technik** erst herstellen lässt: ohne Chemie keine Halbleiter, keine **Virtual Reality**, keine Handys, keine Glasfaserleitungen.

2

Innovationen in der **chemischen Industrie** stehen heute nicht mehr nur für Produkte und Prozesse, sondern auch für **innovativen Service**, den erst die Digitalisierung möglich gemacht hat. Auch hier wird das Geschäftsmodell vom erfahrenen **Produktlieferanten** zum Anbieter umfassender Lösungen weiterentwickelt.

3

Unabhängig von der einzelnen Anwendung braucht die **digitale Transformation** eine **robuste IT-Infrastruktur**, Ausbau **digitaler Kompetenzen**, Zugang zu Netzwerken und Raum für Kooperationen. Der wichtigste Erfolgsfaktor ist jedoch die Ausbildung eines **„digitalen Mindsets"**. Nur so können Freiräume geschaffen werden, um **digitale Lösungen** zu entwickeln und auszuprobieren.

Takeaways

ologie-offenheit entwickeln

Dr. Jörg Goschin ist Wirtschaftsingenieur, selbst Gründer und erfahrener Investment Professional, der über tiefe Marktkenntnis, breites fachliches Know-how und ein dichtes Netzwerk im Venture-Capital-Markt verfügt. Stationen seiner beruflichen Laufbahn waren Metzler, The Boston Consulting Group, BNP Paribas, Cerberus, Blackstone und Alstin. Seit Gründung von KfW Capital ist er gemeinsam mit Alexander Thees Geschäftsführer.

D igitale Technologien stellen eine wichtige Quelle für Neuerungen in breiten Teilen der Wirtschaft dar. Sie gelten als zentraler Treiber für Wettbewerbsfähigkeit und Wachstum. Nicht zuletzt sind Digitalisierung und Zukunftstechnologien essenziell für die Bewältigung des Klimawandels und somit für unsere Zukunftsfähigkeit.

Die Coronakrise hat einen Digitalisierungsschub in Deutschland ausgelöst, die Investitionen in Informationstechnologien sind aber ▸

immer noch unzureichend: Laut Studien müssten die jährlichen IT-Investitionen in Deutschland auf das Doppelte bis Dreifache – von zuletzt 49 auf 100 bis 150 Milliarden Euro pro Jahr – steigen, um mit Ländern wie Frankreich, Japan oder Großbritannien gleichzuziehen.

Um den Anschluss zu schaffen, sind vier Handlungsfelder besonders wichtig:

- Bereitstellung von Finanzierungen und Kapital

- Fokus auf Forschung und Entwicklung

- Digitale Bildung als Priorität – bereits in der Schule

- Mobilisierung von Privatkapital

Außerdem müssen wir in Chancen denken: Zwar hat die Coronapandemie eine wirtschaftliche Krise ausgelöst, gleichzeitig haben wir innerhalb kürzester Zeit viel bewegt und auf die Beine gestellt – in Unternehmen, an Schulen und in der Verwaltung. In dieser Hinsicht war die Coronakrise wirtschaftlich gesehen sehr spannend, weil wir erleben durften, was möglich ist, wenn alle an einem Strang ziehen, und welche Aufbruchstimmung und Motivation dadurch entstehen kann.

Im Frühjahr 2020 hat sich KfW Capital am Coronasonderprogramm beteiligt, welches die KfW Bankengruppe zusammen mit der Bundesregierung, den Finanzierungspartnern, den Verbänden und den Aufsichtsbehörden innerhalb kürzester Zeit aufgelegt hat, um Unternehmen und Start-ups in Deutschland mit Liquidität zu versorgen und ihnen so durch die Krise zu helfen. Das war ein beispielloser Kraftakt. Was dabei zweifelsohne geholfen hat: der kontinuierliche Ausbau der Förderinfrastruktur sowie die Investitionen in die Cloud-Technologie und die digitale Anbindung an die Finanzierungspartner in den Jahren zuvor. Entscheidend war auch, dass nicht nur die KfW, sondern alle Partner agil und flexibel miteinander gearbeitet haben. Dies hat rückblickend sehr viele Impulse auch für die Weiterentwicklung der Unternehmenskultur und der täglichen Arbeit nach Corona gegeben.

Denn auch die Finanzbranche muss sich den Herausforderungen der Digitalisierung stellen und die damit einhergehenden Chancen ergreifen, um die digitale Transformation von Wirtschaft und Gesellschaft bewältigen und mitgestalten zu können. Neue Wettbewerber, neue Technologien und veränderte Kundenanforderungen prägen den Wandel. Banken definieren ihr Angebot in der digitalen Welt umfassend neu, Innovation muss Teil ihrer DNA werden. Es gibt bereits optimistisch stimmende Vorstöße – bei allen großen Banken. Anfang 2020 gab es in Deutschland außerdem bereits fast 700 Fintech-Start-ups, die teilweise mit den traditionellen Banken erfolgreich kooperieren und so die digitale Transformation zusätzlich befeuern. Auch KfW Capital investiert über Venture-Capital-Fonds in viele Fintechs, darunter sind auch Unicorns.

Ich bin überzeugt, dass die digitale Transformation gelingen kann, dies aber auch ein weiteres Umdenken erfordert. Deutschland hat sich als Wirtschaftsstandort ein ausdifferenziertes technologisches Profil erarbeitet und bietet in verschiedenen Bereichen international wettbewerbsfähige Produkte und Dienstleistungen an. Dies gilt beispielsweise für Automobil- oder Produktionstechnologien, bei denen Deutschland seit Jahrzehnten weltweit sehr erfolgreich ist. Aber auch bei Umwelt-, Klima- oder Medizintechnologien ist die Ausgangslage in Deutschland vielversprechend. Diese Stärken gilt es weiterzuentwickeln, um den technologischen Vorsprung in diesen Gebieten auszubauen und zu sichern.

Unsere Universitäten sind hervorragend und viele Start-up-Gründer:innen haben sich dort hervorragendes Fach- und Managementwissen angeeignet.

Wir müssen jetzt die Chancen, die uns die verschiedenen Zukunftstechnologien bieten, noch besser nutzen: Die Informationstechnologien, wie beispielsweise Künstliche Intelligenz, Internet der Dinge oder Augmented und Virtual Reality, sind hier ein ganz wichtiger Bereich mit rasanten Neuerungen – und akutem Aufholbedarf für die deutsche Wirtschaft.

Die Entwicklung von Informationstechnologien ist derzeit keine deutsche Stärke. Das lässt sich an Statistiken zu Patenten, wissenschaftlichen Publikationen und Markenanmeldungen deutlich ablesen. Beispielsweise melden die USA knapp sieben Mal so viele Patente im Bereich Künstliche Intelligenz an wie Deutschland, in China sind es immerhin noch rund vier Mal so viele[43].

Es ist erfolgskritisch, dass Deutschland auf seine Stärken zurückgreift und in der Anwendung von Informationstechnologien eine internationale Wettbewerbsfähigkeit erlangt. Ein gutes Beispiel, bei dem es uns als Land gelang, liefert das Antiblockiersystem für Autos, bei dem Informationstechnologien und die deutsche Stärke bei mechanischen Technologien erfolgreich kombiniert wurden – trotz der eigentlichen ▸

Schwäche bei den Informationstechnologien.

Wir müssen außerdem aufhören, nach Fehlern in der Vergangenheit zu suchen, sondern nach vorne schauen und uns unsere Stärken vor Augen führen. Im Bereich der industriellen Anwendungen hat Deutschland eine reale Chance, auch im digitalen Zeitalter eine Führungsposition zu übernehmen. Wir dürfen allerdings keine Zeit verlieren. Wir müssen unsere fast schon tradierte Risikoaversion ablegen und eine wirkliche Technologieoffenheit entwickeln. Dieses Weiterdenken erfordert viel Kraft, Mut und die Bereitschaft, Fehler zu machen, zu scheitern, aber auch daraus zu lernen und besser zu werden. Menschen, Unternehmen und Institutionen, die Neues wagen, sind wichtiger denn je und müssen deshalb unterstützt werden.

Im Oktober 2018, vor etwas mehr als drei Jahren, trat KfW Capital als 100%ige Beteiligungstochter der KfW in den Markt. Ausschlaggebend dafür war die Entscheidung der Politik, das Volumen für Venture-Capital-Fonds-Investments deutlich auszubauen, um den Markt so zu stärken, dass Start-ups und innovative Technologieunternehmen in Deutschland besseren Zugang zu Venture Capital (VC) erhalten. Bisher hat KfW Capital in 60 VC-Fonds mehr als eine Milliarde Euro investiert. Die Fonds investierten bisher in rund 1.300 Start-ups und junge Technologieunternehmen. Bislang investierte KfW Capital mit Unterstützung des ERP-Sondervermögens jährlich im Schnitt rund 200 Millionen Euro in VC-Fonds an.

Bei den Investments von KfW Capital haben Nachhaltigkeit und Wirkungsmessung einen besonderen Stellenwert und sind fest im Investmentprozess verankert. Ein kreditbasiertes Instrument ist der Digitalisierungs- und Innovationskredit der KfW, der für alle Vorhaben rund um Digitalisierung genutzt werden kann: Entwicklung und Implementierung von IT- und Datensicherheitskonzepten, Ausbau innerbetrieblicher Breitbandnetze, Einführung digitaler Vertriebskanäle, Weiterbildungsmaßnahmen im Bereich Digitalisierung, Projekte rund um Industrie 4.0 sowie Aufbau der Infrastruktur für Big-Data-Anwendungen.

Dieses Angebot muss in Deutschland mittelfristig ausgebaut werden: Zusätzliche, niederschwellige Förderinstrumente sind notwendig, um den bislang nichtinnovativen Unternehmen und Nichtdigitalisierern eine Aufnahme entsprechender Tätigkeiten zu erleichtern.

Nicht erst die Coronapandemie hat gezeigt, dass Deutschland deutlich mehr in den Bereich der digitalen Bildung investieren muss. Fachkräftemangel ist nicht nur ein Problem bei der Digitalisierung, sondern auch für die Innovationstätigkeit im Allgemeinen. Ein wichtiger Grund ist, dass das für Inno-

Wir müssen unsere Risikoaversion ablegen und eine Technologie-offenheit entwickeln. Dieses Weiterdenken erfordert viel Kraft, Mut und die Bereitschaft, Fehler zu machen.

vationen im Mittelstand eingesetzte Personal nicht nur aus technischer Sicht Innovationen entwickeln können, sondern auch über Kenntnis der Märkte verfügen muss, in denen das jeweilige Unternehmen aktiv ist. Solches Personal muss in den Unternehmen mitunter erst aufgebaut und entwickelt werden.

Gerade die Entwicklung von Deep Tech, also bahnbrechenden Technologien, wird Start-ups zugeschrieben, jungen Technologieunternehmen, die brillante Wissenschaftler:innen anziehen und Lösungen für die Herausforderungen der Zukunft entwickeln – Energie, Nachhaltigkeit, Ernährung, Gesundheit, Mobilität, Bildung.

Allerdings benötigen Start-ups Kapital, um ihre Vorhaben realisieren zu können. Deshalb hat die Bundesregierung 2021 den Beteiligungsfonds für Zukunftstechnologien ins Leben gerufen, den sogenannten Zukunftsfonds, und stellt bis 2030 zusätzliche zehn Milliarden Euro dafür bereit. KfW Capital konzipiert im Auftrag des Bundes in enger Abstimmung mit der Politik und weiteren Institutionen wie dem Europäischen Investitionsfonds und dem High-Tech Gründerfonds den Zukunftsfonds. Die ersten Bausteine des Zukunftsfonds sind bereits gestartet. Damit stehen bereits sieben Milliarden Euro zur Verfügung, die von VC-Fonds zur Finanzierung von Start-ups und innovativen Technologieunternehmen in Deutschland abgerufen werden können. KfW Capital verdoppelt somit das Investmentvolumen von zwei auf rund 4,5 Milliarden Euro bis 2030.

Dies wird dazu führen, dass wir deutlich kapitalstärkere Fonds in ▸

207

Europa sehen werden, die dann größere Finanzierungsrunden für Wachstumsunternehmen in Deutschland realisieren können. Hieran mangelte es bisher – daher ist das neue Programm ein entscheidender Schritt für den Wagniskapitalmarkt in Deutschland und Europa. Ich bin überzeugt, dass der Zukunftsfonds eines der wesentlichen Instrumente ist, den Innovationsstandort Europa und damit auch insbesondere Deutschland zu sichern und Investitionen in nachhaltige Wirtschaft anzukurbeln.

Es ist noch viel zu tun, um das Ziel einer digitalen, nachhaltigen und damit zukunftsfähigen Wirtschaft und Gesellschaft in Deutschland zu erreichen. Der Nachholbedarf ist groß und Eile geboten. Ich bin aber zuversichtlich, dass wir in Deutschland nicht nur den richtigen Transformationsweg eingeschlagen haben, sondern auch eine ernsthafte Chance haben, Herausforderungen zu bewältigen und ans Ziel zu kommen. Wenn sich Deutschland jetzt auf seine industriellen Stärken besinnt und diese in die digitale Zukunft übersetzt, kann es auch im digitalen Zeitalter eine globale Führungsposition einnehmen. ■

Top 31

Die jährlichen **IT-Investitionen** in Deutschland müssen auf das Doppelte bis Dreifache – von zuletzt **49 auf 100 bis 150 Milliarden Euro** – steigen, um mit Ländern wie Frankreich, Japan oder Großbritannien gleichzuziehen.

JÖRG GOSCHIN

2

Die **Entwicklung** von **Informationstechnologien** ist derzeit keine deutsche Stärke. Die USA melden knapp sieben Mal so viele Patente im Bereich **Künstlicher Intelligenz** wie Deutschland an, in China sind es rund vier Mal so viele.

3

Wir werden zukünftig deutlich **kapitalstärkere Fonds** in Europa sehen und auch brauchen, um größere **Wagniskapitalfinanzierungsrunden** für Start-ups und **Wachstumsunternehmen in Deutschland** realisieren zu können.

Takeaways

Digitale **Dekade** –

und was der **öffentliche Sektor** damit zu tun hat

Dr. Katrin Suder ist Vorsitzende des Digitalrats der Bundesregierung. Nach der Promotion in theoretischer Physik war
sie fast 15 Jahre für die Unternehmensberatung McKinsey
& Company tätig mit Fokus auf Strategie, Organisation,
Technologie und Transformation. Später wechselte sie als
Staatssekretärin ins Bundesministerium der Verteidigung
mit Schwerpunkt auf Ausrüstung und Cyber/Informations-
technologie. 2018 erhielt sie das Ehrenkreuz der Bundeswehr
in Gold. Heute hat sie verschiedene Aufsichtsratsmandate
inne und berät Unternehmen zu geopolitischen und technologischen Fragestellungen. Suder engagiert sich ehrenamtlich in der Organisation Save the Children und der Hertie
School of Governance.

Direkt die These vorab: eine Menge! Und zwar in zwei Dimensionen:
Zunächst ist der öffentliche Sektor selbst eine Branche, ein Sektor,
der sich digitalisieren muss wie jeder andere. Auch für ihn gelten
dieselben Ziele und Vorteile der Nutzung von Cloud Computing, Big Data
und Künstlicher Intelligenz. Und zum anderen gestalten Politik und Verwaltung ganz entscheidend die Rahmenbedingungen für die digitale Transformation der Unternehmen beziehungsweise des jeweiligen Landes.   ▶

1. Dimension: Digitalisierung der Verwaltung

Wo steht Deutschland bei der Digitalisierung seiner Verwaltung? Fangen wir mit einer Lagefeststellung an. Es ist viel passiert in der letzten Legislatur, die im Oktober 2021 endete: Deutschland hat als eines der wenigen Länder der Welt jetzt eine Datenstrategie mit Schwerpunkt auf Innovation und verantwortungsvoller Datennutzung. Zum anderen sind wichtige symbolische Schritte passiert, wie der Einstieg in den Ausstieg der papierbasierten Behördenkommunikation oder mit dem Kauf einer GmbH die Schaffung eines eigenen agilen Softwarehauses, der DigitalService4Germany. Illustrativ gewählte Beispiele, die wir als Digitalrat der Bundesregierung mit angeschoben haben.

Aber es reicht nicht. Bei den meisten Rankings ist Deutschland im Mittelfeld. Gemäß dem Europäischen Digital Economy and Society Index (DESI) 2020 liegt unsere digitale Verwaltung auf Platz 21 von 28 in der EU. Besonders abgeschlagen steht Deutschland bei der Nutzung von E-Government Services da und belegt nur Platz 26 von 28, mit einer unterdurchschnittlichen Nutzerbereitschaft von 43 Prozent (auf Basis der Personen, die in den letzten zwölf Monaten ausgefüllte Formulare über das Internet bei Behörden eingereicht haben). Der europäische Vergleichswert liegt bei 67 Prozent [44].

Die Frage ist, warum wir nicht schneller vorwärtskommen, warum noch immer so scheinbar einfache Dinge wie ein automatisiert durchlaufender Kindergeldantrag oder eine moderne IT-Architektur für die Bundesverwaltung so schwierig sind?

Wir im Digitalrat glauben, dass es an einigen systemischen Barrieren liegt, und es gilt, diese dringend und nachdrücklich anzugehen. Bei der digitalen Transformation geht es in weiten Teilen nicht primär um Digitales oder um

> „Bei der digitalen **Transformation** geht es in weiten Teilen nicht **primär** um **Digitales** oder um **Technik**. Es geht um Menschen, um **Veränderung**.

Technik. Es geht um Menschen, um Veränderung. Und um Klarheit im Denken – was Digitalisierung ist, warum wir sie brauchen und was sie leisten kann.

Die digitale Transformation ist Mittel, nicht Zweck! Sie erlaubt Menschen, bessere Entscheidungen zu treffen und besser zusammenzuarbeiten. Als mächtiges Werkzeug für Entscheidung und Koordination ist sie unerlässlich, um innovative Lösungen für die großen Herausforderungen unserer Zeit zu finden und zügig umzusetzen. Welche Ziele die Digitalisierung konkret befördern soll, muss die Bundesregierung daher klar und verbindlich festlegen. Für uns gehört dazu ausdrücklich auch die Wahlfreiheit als Gesellschaft, die digitale Transformation so zu gestalten, wie es unseren gemeinsamen Grundwerten entspricht.

Die digitale Transformation (insbesondere des öffentlichen Sektors selbst) stößt immer wieder an Grenzen, die sie selbst kaum verändern kann. Wollen wir ihren Erfolg, müssen wir diese Grenzen durchbrechen:

Menschen ermächtigen: Viele in Politik und Verwaltung wollen die Digitalisierung vorantreiben und aktiv gestalten. Wir müssen diese „public Entrepreneurs", diese Gesellschaftsunternehmer, stärken und unterstützen, anstatt ihnen Steine in den Weg zu legen. Wir müssen ihnen Raum für Gestaltung geben, sie mit ihren neuen Ideen und Herangehensweisen ermuntern, und um sie werben. Wir brauchen mehr von ihnen. Das bedeutet auch, dass die Führungen in den Häusern von Politik und Verwaltung sie proaktiv gewinnen, entwickeln und ermächtigen müssen. Wir brauchen auch mehr Querwechsler:innen, die Ideen und Erfahrung erfolgreicher Digitalisierung aus dem privaten Sektor mitbringen.

Strukturen ermöglichen: Ministerien funktionieren heute noch immer in Silos, sowohl in ihren jeweiligen Häusern als auch übergreifend (Ressortprinzip). Projektarbeit, um gemeinsam wichtige Vorhaben vorwärtszutreiben, findet kaum statt. Dabei sind gerade Digitalisierungsvorhaben oft übergreifend und verbinden verschiedene Fachressorts. Gleichzeitig arbeiten Ministerien stark hierarchisch und nach starren bürokratischen Verwaltungsvorschriften, was zu Verlangsamung und vor allem zu Verwässerung von Vorschlägen führt. Zahlreiche innovative Vorhaben, mutige Entwürfe, nachhaltige Veränderungsideen sterben den Tod durch Mitzeichnung. Das passt nicht zu den anstehenden Herausforderungen. Wir brauchen Governance-Strukturen, die den Wandel als Chance abbilden. ▸

Mehr als alles andere aber brauchen wir Agilität im Kopf: die umfassende mentale, auch emotionale Bereitschaft, eingefahrene Muster des eigenen Denkens und Handelns zu erkennen, immer wieder zu hinterfragen und durchbrechen zu können, um neue Möglichkeitsräume zu eröffnen. Wir brauchen diese Fähigkeit, um veränderte Anforderungen und Informationen wahrzunehmen und zeitnah im Entscheiden und Handeln zu berücksichtigen. Das heißt auch, widerlegte Annahmen nicht nur zu akzeptieren, sondern anzunehmen, weil sie Teil des Weges sind. Nur mit dieser Agilität im Kopf werden wir mutig und rasch die anstehenden Herausforderungen lösen können. Wir im Digitalrat sind der festen Überzeugung, dass Digitalisierung nur erfolgreich sein kann, wenn wir uns diesen Einsichten nicht nur nicht verschließen, sondern sie regelrecht vereinnahmen. Die Menschen stehen dabei im Mittelpunkt – ihnen zu ermöglichen, das Richtige zu tun, wird über Erfolg oder Misserfolg entscheiden.

Und diese anstehenden Herausforderungen sind natürlich nicht fokussiert auf die Digitalisierung des öffentlichen Sektors selbst. Sie sind weitaus größer – sie umfassen sowohl die Gesetzgebung aller Häuser als auch die Gestaltung der Randbedingungen der digitalen Transformation unseres Landes.

2. Dimension: Digitalisierende Wirkung von Gesetzen

Gesetze wiederum gibt es rund um Digitalisierung, von Netzausbau über IT-Sicherheit und Cyber bis hin zu digitalisierten Gerichtsverfahren. Ein Gesetzesfeld ist von besonderer Bedeutung: der Umgang mit Daten. Denn Daten zusammen mit Künstlicher Intelligenz sind die neue Basistechnologie, der Kern der digitalen Transformation. Immer mehr Innovationen, neue Produkte und Services, Produktionsmodelle, Automatisierung – immer mehr wird datengetrieben sein. Und vor allem wird es möglich sein, die Gaußkurve zu schlagen und somit passgenaue Lösungen zu erzeugen. Das wiederum ist ressourcensparend und, wenn es um den Menschen geht, endlich auf das Individuum bezogen und hat damit auch die Chance, gerechter zu sein. Dieses immense Potenzial freizusetzen, dazu wird es den Gesetzgeber brauchen, um verantwortungsvolle Datennutzung zu befeuern.

Neben kluger Gesetzgebung rund um Kernthemen der Digitalisierung ist jedes Gesetz auf seine Digitaltauglichkeit zu überprüfen, ist von vornherein mitzudenken, ob und wie es digital umgesetzt werden und eine digitalisierende Wirkung erzeugen kann – von Kita-Finanzierung bis Bundeswehrausstattung, von Forschungsförderung bis Gesundheit. Kommen wir zum letzten, dem vermutlich größten Bereich der Rolle des Staates: die Gestaltung der Randbedingungen.

3. Dimension: Gestaltung der Randbedingungen der digitalen Transformation

Die digitale Transformation wird Jobs kosten. Und neue schaffen. Das war immer klar. Eine Studie des Instituts für Arbeitsmarkt- und Berufsforschung und des Bundesinstituts für Berufsbildung zeigt, dass bis 2035 in ganz Deutschland rund vier Millionen Arbeitsplätze abgebaut werden, gleichzeitig etwa 3,3 Millionen neue Arbeitsplätze aufgrund von Digitalisierung entstehen[45]. In Summe geht es also um einen Veränderungsschub von 7,3 Millionen Menschen, deren Arbeitsalltag sich massiv verändern wird, damit sind rund 20 Prozent der Erwerbstätigen betroffen.

Sind wir vor der Coronapandemie davon ausgegangen, dass wir für diesen schwierigen Wandel eine gewisse Übergangszeit haben, dass wir die Folgen für die und den Einzelnen gestalten können (insbesondere die Frage: Wie gehen wir mit den sogenannten digital Gestrandeten um?), ist diese Zeit nun (fast) nicht mehr da. Alle Unternehmen digitalisieren sich, weil sie es müssen. All das wird nicht mehr zurückzudrehen sein. Im Gegenteil: Die Automatisierung von Prozessen wird radikal weitergehen – auch, um die Menschen aus manchen Prozessen rauszunehmen und somit die Virusanfälligkeit. Umso mehr gilt: Die Transformation muss aktiv gestaltet werden. Jetzt. Und von allen. Insbesondere natürlich von der Politik.

Ein zentraler Baustein dabei werden neue Kompetenzen sein. Und ebenso wie die wirtschaftliche Transformation eine radikale, eine Revolution ist, ebenso radikal muss sich Lernen verändern. Wir müssen Lernen als eine politische Priorität verstehen. Und wir müssen uns hier als Land fundamental anders und neu ausrichten: raus aus den Silos und vor allem auch überbetrieblich und inklusiver. Lernen muss wieder positiv besetzt werden. Kurz: Wir brauchen eine Reskilling Revolution.

Hier wird es auch um neue Inhalte gehen – insbesondere, zumindest aus meiner Sicht, ein Schwerpunkt: Daten, wir nennen das „Data Literacy", also die Fähigkeit, mit Daten umzugehen. Oder, einfacher ausgedrückt: Lesen, Schreiben, Rechnen, Daten! Bildung und Weiterbildung muss dazu endlich als bundespolitisches Thema behandelt werden.

Neben all diesen Aspekten, die vornehmlich nach innen gerichtet sind, noch ein letztes Themenfeld – eines, das oft, vielleicht ob der Größe und Komplexität, vernachlässigt wird: die Geopolitik von Technologie.

Mit der gewachsenen, ja essenziellen Bedeutung von Digitalisierung haben auch die zugrunde liegenden ▸

215

Technologien an Bedeutung gewonnen. Neu ist jedoch, dass diese Technologien und damit auch die Technologieunternehmen nicht nur ein Wirtschaftsfaktor, sondern einer der bedeutendsten geopolitischen Machtfaktoren geworden sind. Themen wie digitale Souveränität, technologische Autonomie oder Auflagen, Daten lokal zu speichern, waren noch vor kurzer Zeit etwas für Philosophen oder Nerds. Jetzt sind sie von strategischer Bedeutung für die Zukunft von Unternehmen und ganzen Staaten. Der Zugang zu Technologien oder deren Einsatz werden gezielt als Machtwerkzeug eingesetzt. Und wenn man weiter in die Zukunft schaut, kann man jetzt schon erkennen, wie verschiedene geopolitische Akteure versuchen, mit der Beherrschung von Künstlicher Intelligenz die komplette systemische und wirtschaftliche Dominanz zu erreichen.

Betrachtet man die Machtverhältnisse der Staaten nüchtern, so gibt es derzeit nur zwei wirklich bedeutende Akteure: die USA und China, deren Ansatz im Kampf um die globale Vorherrschaft vermehrt als Neuauflage des Kalten Krieges bezeichnet wird.

Beide Weltmächte haben sowohl offensive als auch defensive Maßnahmen ergriffen. Die Palette ist groß, und die Bandagen sind hart. Dazu gehören Sanktionen, die Ausweisung von Staatsangehörigen, schwarze Listen und enorme Investitionsmaßnahmen. Es wird massiv in alles investiert, was auf die langfristige digitale Dominanz einzahlt, Schlüsseltechnologien als Machthebel. Und erste Kollateralschäden sind auch für deutsche Unternehmen zu verzeichnen: Automobilunternehmen müssen in China kostenintensiv einen separaten IT-Stack aufbauen; oder der Druck auf die heimische Telekommunikationsbranche, den chinesischen Ausrüster Huawei als Partner auszuschließen, auch wenn es die innovativere und gleichzeitig günstigere und energieeffizientere Lösung ist.

Auch wenn eine vollständige Entkopplung nicht möglich ist, auch wenn natürlich vieles Erwartungen und Ziele sind und die Realität sich oft anders entwickelt, ist das Handeln auf beiden Seiten doch bemerkenswert. Es wird sehr strategisch, sehr groß, sehr umfassend gedacht und gehandelt. Kurz: Industriepolitik ist Technologiepolitik ist Sicherheitspolitik!

Parallel gibt es eine zweite geopolitische Entwicklung: Mit den sogenannten Hyperscalern ist eine neue Kategorie aufgetreten – Unternehmen, die modernste Technologien nicht nur theoretisch beherrschen, sondern diese auch in die Masse bringen, skalieren und daraus postindustrielle Geschäftsmodelle gemacht haben. Diese sind in ihrem jeweiligen Markt schnell weltweit dominant geworden und lassen sich (global) nur schwer regulieren.

KATRIN SUDER

Die Technologien der Digitalisierung sind nicht mehr nur ein Wirtschaftsfaktor, sondern einer der bedeutendsten geopolitischen Machtfaktoren geworden.

Mit fast drei Milliarden monatlich aktiven Nutzern ist das soziale Netzwerk Facebook selbst der einwohnerstärksten Volkswirtschaft haushoch überlegen. Alphabet hat ein jährliches Innovationsbudget von rund 20 Milliarden Euro (mehr als das deutsche Bundesministerium für Bildung und Forschung, BMBF) und setzt dieses nicht mit der Gießkanne, sondern sehr zielgerichtet ein. Und Apple übertrifft mit weit über 150 Milliarden Euro liquider Mittel das Staatsbudget einer mittelgroßen Volkswirtschaft mit Leichtigkeit, ohne dabei überhaupt Schulden aufnehmen zu müssen. Diese Unternehmen bilden als nicht staatliche Akteure einen vollkommen neuen Pool an globaler Macht – und sie üben diese auch aus.

Eine bittere Wahrheit ist auch, dass unter diesen Unternehmen kein einziges europäisches ist und nur ein einziges „altes" Unternehmen – Micro-soft. Dort wurden mutige Investitionen getätigt und so eine beispiellose Transformation nicht nur verkündet, sondern eingeleitet und umgesetzt. Manchmal scheint es, als stünde uns gerade in Deutschland unser langer industrieller Erfolg im Wege. Digitale Prinzipien stehen oft den Methoden der Industrialisierung diametral entgegen – keine sorgfältig geplante Ingenieurspunktlandung, sondern iteratives Vorgehen; kein vertikal integrierter Hardware-Stack, sondern modulare, horizontal komplex vernetzte Softwarestrukturen.

Mit Blick auf diese zwei neuen globalen geopolitischen Entwicklungen muss man sich fragen: Was ist die Rolle Europas? Wie kann Europa seinen geopolitischen Einfluss stärken? Wenn wir uns den Status entlang der beiden zuvor diskutierten Dimensionen anschauen – also Tech-Unternehmen und geopolitische Einflussnahme – muss man ▸

festhalten, dass wir weitgehend außen vor sind. Wir haben gerade keine wirklichen großen beziehungsweise global dominierenden Tech-Companies, sind weitgehend abhängig von den „Rohstoffen" (also den Technologien) der anderen und haben somit nur wenig Machthebel in unseren Händen.

Kanzlerin Angela Merkel hat im letzten Jahr ihrer Amtszeit zusammen mit ihren nordischen Kolleg:innen noch das Thema „digitale Souveränität" als Ziel auf die Agenda des Europäischen Rats gesetzt [46]. Das war und ist immer noch richtig. Erlauben Sie mir, meine Definition von digitaler Souveränität zu geben: Es geht um die Fähigkeit von Individuen, Unternehmen und Politik, frei zu entscheiden, wie und nach welchen Prioritäten die digitale Transformation gestaltet werden soll.

> „Es geht um die Fähigkeit von **Individuen, Unternehmen** und Politik, frei zu **entscheiden,** wie und nach welchen **Prioritäten die digitale Transformation** gestaltet werden soll.

Dafür sind drei Hebel zentral:

1. Geeignete Technologien und Daten müssen verfügbar sein, entweder indem diese selbst beherrscht werden oder indem der Zugang zu diesen abgesichert ist, auch in Krisenzeiten. Besonderer Fokus liegt hier auf Halbleiter und auf Daten – beides zentral für Software, für Künstliche Intelligenz. Technologien sollten nicht einfach nachgebaut, sondern mittels Investitionen in die jeweilige nächste Generation entwickelt und beherrscht werden [47]. Konkret hieße dies: nicht zentrale Clouds nachzubauen, um das immense Datenwachstum bewältigen zu können, sondern in moderne Edge-Cloud-Technologien zu investieren, die das rasante Datenwachstum inklusive der riesigen Datenpakete dezentral verarbeiten können.

2. Unternehmen, öffentliche Einrichtungen und ausreichende Fachkräfte müssen die Kompetenzen besitzen, digitale Technologien zu bewerten, zu überprüfen und einzusetzen. Auch hier gilt: Die digitale Revolution braucht eine Reskilling Revolution! Gerade in Zeiten des Fachkräftemangels ist das eine echte Herausforderung und braucht strategisches Umdenken – beispielsweise ganz neue Modelle der Zusammenarbeit zwischen privatem und öffentlichem Sektor. Digitalisierung kann über individualisiertes, vernetztes Lernen dabei helfen.

3. Wir brauchen den ganzen europäischen Markt, den digitalen Binnenmarkt, also mehr Integration und nicht weniger, um schneller mehr Skalierung zu erreichen. Darüber hinaus braucht es eine regulatorische und eine industriepolitische Begleitung, auch um systemische Nachteile zu kompensieren, wie zum Beispiel das Risikokapitalgefälle zu den USA oder auch beschränkte Marktzugänge in China.

Wir müssen gemeinsam in Europa den Fokus auf Innovation und Technologie setzen – weg von reiner Arbeitsplatz- und klassischer Wirtschaftspolitik, weg vom Gießkannenprinzip, weg von klassischer Förderlogik. Wir müssen akzeptieren, dass Technologiepolitik auch Sicherheits- und Geopolitik ist. Regulierungsweltmeister allein reicht nicht aus. Wenn sich Europa eigenständig positioniert, dann kann auch ein Mechanismus entstehen, der die Transmission zwischen den Konkurrenten USA und China in wirtschaftlich und gesellschaftlich profitable Bahnen lenken kann, anstatt ein ungebremstes Aufeinanderprallen der beiden Weltmächte zu forcieren.

Die digitale Dekade der 2020er-Jahre – sie wird nicht ohne kluge, innovative, mutige und klare Politik und Verwaltung erfolgreich sein. Aber natürlich nicht nur durch sie. Es wird sehr auf das Zusammenspiel aller gesellschaftlichen Beteiligten ankommen. Wir haben uns an ein System gewöhnt, in dem alle Beteiligten – Politik, Wirtschaft und Gesellschaft – nur zu gerne jeweils auf die beiden anderen schimpfen. Wenn wir aber in die nächste gesellschaftliche Systemgeneration kommen wollen und unseren Lebensstandard und den Einfluss, den wir in der Welt noch genießen, beibehalten oder gar ausbauen wollen, müssen wir endlich unsere Kräfte zusammenspannen. Gesellschaft, Wirtschaft und Politik müssen gemeinsam ihre Liebe für die Zukunft entdecken und endlich aufhören, nur darüber zu reden, sondern den Wandel überall und vor allem gemeinsam umsetzen. ■

Top 3

1 Lesen, Schreiben, Rechnen, Daten! Wir brauchen in unserem Bildungssystem eine sogenannte ==Reskilling Revolution== zur Förderung unserer ==„Data Literacy"==, also der Fähigkeit, mit Daten umgehen zu können.

2 Wir müssen gemeinsam in Europa den ==Fokus auf Innovation und Technologie== legen – weg von reiner Arbeitsplatz- und klassischer Wirtschaftspolitik, weg vom Gießkannenprinzip, weg von klassischer Förderlogik. Wenn sich ==Europa eigenständig positioniert==, dann kann auch ein Mechanismus entstehen, der die Transmission zwischen den Konkurrenten USA und China in wirtschaftlich und gesellschaftlich profitable Bahnen lenken kann, anstatt ein ungebremstes Aufeinanderprallen der beiden Weltmächte zu forcieren.

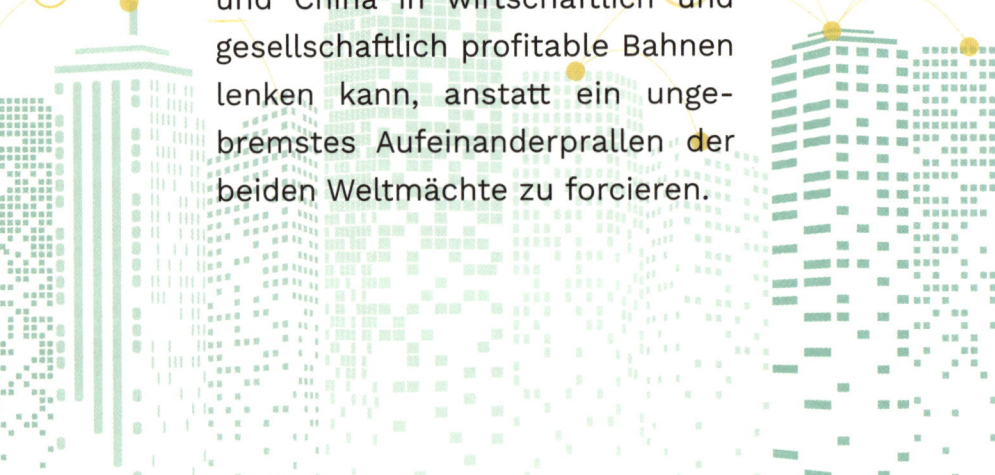

Wir haben uns an ein System gewöhnt, in dem alle Beteiligten – **Politik, Wirtschaft und Gesellschaft** – nur zu gerne jeweils auf die beiden anderen schimpfen. Gesellschaft, Wirtschaft und Politik müssen allerdings jetzt dringend und **gemeinsam ihre Liebe für die Zukunft** entdecken und den Wandel überall und vor allem gemeinsam umsetzen.

3

Takeaways

NACHWORT

Nach genau 21 Praxiseinblicken, vielen Einzelbeobachtungen, zahllosen Erfolgsbeispielen, Anwendungsfällen und Prognosen ist klar: Ein Erkenntnisproblem im Zusammenhang mit digitaler Transformation haben wir in Deutschlands Unternehmen in der Breite nicht mehr – schon gar nicht seit den Turbulenzen, die die Coronapandemie in unserer Wirtschaftslandschaft und unserem Arbeitsleben hervorgerufen hat. Der Digitalisierungsdruck ist hoch, die Dringlichkeit erkannt. Wir stecken alle mehr oder weniger tief in der Umsetzung, im Lernen und im Ausprobieren. Das ist kurzum die gute Nachricht: Deutschlands digitaler Aufbruch scheint rundum geschafft. Nur die verbleibenden Wegstrecken zum Ziel weichen mitunter voneinander ab, sind unterschiedlich lang und ungleich verschlungen.

Bei genauerem Hinsehen kristallisieren sich für mich aus den verschiedenen Perspektiven mindestens sieben Hauptthemen heraus:

1   **Wir haben zahlreiche Beispiele für die transformative Kraft von Technologie kennengelernt**. Mit digitalen Tools können wir die derzeit für 2030 prognostizierten CO_2-Emissionen unseres Landes um fast die Hälfte reduzieren. Technik kann uns dabei helfen, sich abzeichnende Krankheitsbilder in solch frühzeitigen Stadien zu erkennen, in denen sich noch nicht einmal Symptome bemerkbar machen. Kurz, Technologie hat unbestritten das Potenzial, Etabliertes in praktisch allen Sektoren grundlegend zu verändern, Schwerfälliges zu beschleunigen, Grenzen zu verschieben, Undenkbares in Erreichbares zu verwandeln, uns fundierte, intelligente Entscheidungen treffen und uns einfacher, effektiver, besser zusammenarbeiten zu lassen.

2 Wenngleich diese Potenziale hinlänglich bekannt sind, scheinen viele heute noch nicht ausgeschöpft. **Unsere Unternehmen gehen Digitalisierung an, aber nicht alle mit Volldampf, nicht alle aus tiefster Überzeugung**. Selbst unter den größten Konzernen hat in der jüngsten Vergangenheit nur jeder fünfte seine Digitalinvestitionen wirklich stark erhöht. Das Thema wird oft beschworen und kommunikativ mitunter lautstark begleitet. Aber vielleicht muss seine Umsetzung noch energischer, noch überzeugter, noch mutiger erfolgen, und vor allem noch tiefgreifender sein.

3 Ein großer Teil der Menschen in unserem Land umarmt Technologie. Andere ziehen mehr oder weniger begeistert mit. Aber ein knappes Drittel der Deutschen nutzt immer noch keine Online-Angebote in den Bereichen Gesundheit, Verwaltung, Bildung oder Arbeit. Und jeder Vierte fühlt sich von der Digitalisierung abgehängt. **Technologie wird hierzulande keineswegs von allen gleichermaßen angenommen**. Deshalb führt keine Transformationsinitiative zum Erfolg, die nicht holistisch angelegt, zu Ende gedacht ist, möglichst alle mitnimmt und Betroffene zu Beteiligten macht.

4 Auch deshalb zieht sich das Thema „digitale Kompetenzen" wie ein roter Faden durch die 21 Beiträge dieses Buches, und diese Leitschnur führt zur Erkenntnis: **Es gibt hochdringlichen Bedarf an digitaler Bildung. Wir müssen deutlich mehr Ressourcen investieren, und es muss in unseren Schulen beginnen**. Selbst der am prallsten gefüllte Schulfördertopf nützt allerdings nichts, wenn die bereitgestellten Milliarden nicht abgerufen werden, weil sich im föderalen Kleinklein Zuständigkeiten verlieren und Beantragungsprozesse ineinander verhaken. Das muss besser werden. Daneben brauchen wir einen inhaltlich stark veränderten Bildungskanon, der mehr Kreativität fördert, die richtigen Kompetenzen aufbaut und vor allem mehr Geschwindigkeit zulässt. Auch den Unternehmen kommt dabei eine Kernaufgabe zu: Jede Abteilung von Accounting bis Marketing und selbstverständlich HR darf nicht einfach mitschwimmen, sondern muss Treiber einer digitalen Transformation im Großen wie im Kleinen sein, digitale Kompetenzen fördern, Tools sinnvoll aufbauen und einsetzen, Ressentiments aufgreifen und Vertrauen schaffen.

5 Allzu oft wird Technologie immer noch als etwas verstanden, das mit Menschen konkurriert und sie eines Tages vielleicht sogar übertrumpft. **In Wahrheit aber kommt es auf menschliche Führung in einer digitalen Welt umso mehr an**. Viele Beiträge in diesem Buch erinnern eindringlich daran, welche entscheidende Rolle der Mensch bei der Ausgestaltung unseres technologischen Fortschritts spielt, als steuernde Instanz, die Richtung und Fokus vorgibt, Anwendungsfälle definiert und Grenzen setzt. Wir haben von der Wichtigkeit herausragender Führungspersönlichkeiten gehört, die neue Ideen aufgreifen und ausprobieren, anstatt sie zu verzögern. Sie erkennen die Notwendigkeit für Unternehmen, heute mehr denn je, die richtigen Talente einzustellen, zu halten und weiterzuentwickeln. Es bedarf einer Führung, die authentisch, situativ, auch „verletzlich" ist, die sich auf Offenheit, Zuhören und Hinterfragen stützt, die Fehler, Reflexion und Lernen nicht nur zulässt, sondern fördert, und die Menschen motiviert, mutiger zu sein und sich mehr zuzutrauen.

6 Viele Macher:innen und Vordenker:innen erkennen mindestens implizit an, dass der Erfolg digitaler Transformation von einem wirklich agilen Ansatz für Veränderungen abhängt. **Wir müssen noch agiler, flinker, geländegängiger werden, im Denken wie im Handeln**. Unternehmen, die dies verstanden haben, Talente, die das internalisiert haben, werden letztlich am erfolgreichsten sein. Sie werden es schaffen, im Sinne der Zielerreichung Einschnitte in bestehende Prozesse und etablierte Arbeitsweisen zu machen und sich in den Ökosystemen von morgen souverän zu bewegen, nachhaltige Differenzierungsstrategien zu fahren.

7 Viele unserer Autor:innen sind sich einig und betonen, dass eine erfolgreiche digitale Transformation auch des richtigen Umfelds bedarf. **Digitaler Wandel kann nur konzertiert stattfinden, und das macht ihn gleichzeitig so herausfordernd**. Und das gilt nicht nur für die verschiedenen Akteure innerhalb der Wirtschaft, von Start-up bis Hochofen, sondern darüber hinaus. Die Beteiligten aus Unternehmen, Organisationen, Wissenschaft, Politik und Gesellschaft müssen ihre wechselseitigen Abhängigkeiten erkennen, Vorurteile über Bord werfen und sich entschlossener zusammenraufen, enger zusammenarbeiten, besser ergänzen. Eine solche Disruption im Kopf geht Hand in Hand mit einer Digitalisierung im Büro und in der Werkshalle.

Ein geflügeltes Wort, das man sich unter Entrepreneuren gerne zuraunt, lautet in etwa so: Es geht nicht um den Glauben an Technologie, sondern es geht um den Glauben an die Menschen. Wir sind es, die digitale Tools hervorgebracht haben, und wir sind es, die sie angemessen ausgestalten, zweckdienlich einsetzen und zielgerichtet weiterentwickeln müssen. Die Einblicke, die ich über die Arbeit an diesem Buch gewonnen habe, haben mich davon überzeugt, dass die Unternehmen Deutschlands und Europas die Voraussetzungen erfüllen, ihre eigene und die gesamte digitale Transformation zu bewältigen. Und dort, wo wir die Voraussetzungen noch nicht haben, sind die Lücken und Unzulänglichkeiten immerhin sehr klar benannt, auch wenn sie noch nicht jede:r wahrhaben will. Jetzt müssen wir ambitioniert und mutig sein, vorhandene Pilotprojekte und Insellösungen vernetzen, den Fortschritt noch besser orchestrieren und die immer noch erheblichen Hindernisse pragmatischer angehen als bisher. Nur dann haben wir eine wirkliche Chance, dass aus den 2020er-Jahren eine wahrhaft digitale Dekade für unsere Unternehmen und auch unsere Gesellschaft wird. ∎

 *Angelika Gifford*

QUELLENVERZEICHNIS

[1] **Demary, V., Matthes, J., Plünnecke, A. & Schaefer, T. (2021).** Gleichzeitig: Wie vier Disruptionen die deutsche Wirtschaft verändern. Herausforderungen und Lösungen, IW-Studie. Abgerufen von https://www.iwkoeln.de/studien/wie-vier-disruptionen-die-deutsche-wirtschaft-veraendern-herausforderungen-und-loesungen.html, S. 30.

[2] **BPM (2018).** Studie "Digitale Arbeitswelt": HR-Experten sehen Handlungsbedarf bei Veränderungsbereitschaft und Flexibilität. Abgerufen von https://www.bpm.de/meldungen/studie-digitale-arbeitswelt, S. 36.

[3] **vfa (2017).** Kompakt. Die Arzneimittelindustrie in Deutschland. Abgerufen von https://www.vfa.de › download › insights, S. 42.

[4] **vfa (2013).** Statistics 2013. Die Arzneimittelindustrie in Deutschland. Abgerufen von https://www.vfa.de › download › statistics-2013, S. 42.

[5] **Vision Zero (o.D.).** Initiative für eine Welt ohne vermeidbare krebsbedingte Todesfälle. Abgerufen von https://www.vision-zero-oncology.de/, S. 42.

[6] **vfa (2018).** So entsteht ein neues Medikament. Abgerufen von https://www.vfa.de/de/arzneimittel-forschung/so-funktioniert-pharmaforschung/so-entsteht-ein-medikament.html, S. 44.

[7] **Fraunhofer (2021).** Mit Quantencomputing zur personalisierten Krebstherapie. Abgerufen von https://www.fraunhofer.de/de/presse/presseinformationen/2021/august-2021/mit-quantencomputing-zur-personalisierten-krebstherapie.html, S. 44.

[8] **Serviceplan (2021).** 28. Markenroadshow. Abgerufen von https://www.serviceplan.com/de/news/marken-roadshow-2021.html, S. 50.

[9] **Serviceplan (2021).** 28. Markenroadshow. Abgerufen von https://www.serviceplan.com/de/news/marken-roadshow-2021.html, S. 53.

[10] **Serviceplan (2021).** 28. Markenroadshow. Abgerufen von https://www.serviceplan.com/de/news/marken-roadshow-2021.html, S. 53.

[11] Unter der **Kohlenstoffblase oder Carbon Bubble** versteht man eine angenommene Überbewertung von Unternehmen im Bereich der fossilen Brennstoffe, die sich aus der Unvereinbarkeit des auf dem Pariser Klimagipfel vereinbarten 1,5-Grad-Klimazieles mit der Ausbeutung und Nutzung weiter Teile der momentan bekannten Lagerstätten an fossilen Brennstoffen wie Erdöl, Kohle und Erdgas ergeben soll. S. 60.

[12] **Haas, J., Unmüßig, B. (2020).** Die „Carbon Bubble": Finanzwirtschaft am Tiefpunkt? Abgerufen von https://www.boell.de/de/2020/12/17/die-carbon-bubble-finanzwirtschaft-am-kipppunkt, S. 60.

[13] **MCC (o.D.).** So schnell tickt die CO2-Uhr. Abgerufen von https://www.mcc-berlin.net/forschung/co2-budget.html, S. 60.

[14] **Boston Consulting Group (2021).** Digitales Deutschland 2021. Abgerufen von https://web-assets.bcg.com/03/08/765379154f45b685b9f9e19bc180/bcg-digitales-deutschland-2021.pdf, S. 70.

[15] **Bitkom (2020).** 886.000 offene Stellen für IT-Fachkräfte. Abgerufen von https://www.bitkom.org/Presse/Presseinformation/86000-offene-Stellen-fuer-IT-Fachkraefte, S. 75.

[16] **ZEW (2016).** 1.600 mittelständische Hidden Champions in Deutschland - Stark in der Nische, aber schwach beim Wachstum. Abgerufen von https://www.zew.de/presse/pressearchiv/1600-mittelstaendische-hidden-champions-in-deutschland-stark-in-der-nische-aber-schwach-beim-wachstum, S. 106.

[17] **PWC (2021).** Umfrage 2021: Das Image der deutschen Familienunternehmen. Abgerufen von https://www.pwc.de/image-familienunternehmen, S. 106.

[18] **WorldBank (2020).** Industry (including construction), value added (% of GDP). Abgerufen von https://data.worldbank.org/indicator/NV.IND.TOTL.ZS, S. 107.

[19] **Bundesministerium für Wirtschaft und Energie (2017).** Förderinitiative Mittelstand 4.0 - Digitale Produktions- und Arbeitsprozesse. Abgerufen von https://www.bmwi.de/Redaktion/DE/Downloads/F/faktenblatt-foerderinitiative-mittelstand-4-0.pdf?__blob=publicationFile&v=5, S. 107.

[20] **Steinhoff, C. (o.D.)** Aktueller Begriff Industrie 4.0. Abgerufen von https://www.bundestag.de/resource/blob/474528/cae2bfac57f1bf797c8a6e13394b5e70/industrie-4-0-data.pdf, S. 107.

[21] **Tischler, M. (2019).** Vertrauen in die Wissenschaftskarriere: Eine empirische Studie zu den Qualifizierungswegen von Nachwuchswissenschaftlern, Berlin, Springer. S. 107.

[22] **Destatis (2019).** Teilhabe von Frauen am Erwerbswesen. Abgerufen von https://www.destatis.de/DE/Themen/Arbeit/Arbeitsmarkt/Qualitaet-Arbeit/Dimension-1/teilhabe-frauen-erwerbsleben.html, S. 107.

[23] **Manager Magazin (2021).** Index-Erweiterung lässt Frauenquote in Dax-Vorständen sinken. Abgerufen von https://www.manager-magazin.de/finanzen/boerse/dax-erweiterung-indexerweiterung-laesst-frauenquote-in-dax-vorstaenden-sinken-a-3c4c0d1d-5431-4867-9ada-c93c19d77c99, S. 108.

24 **Bundesministerium für Familie, Senioren, Frauen und Jugend (2017).** Gesetz für die gleichberechtigte Teilhabe von Frauen und Männern an Führungspositionen in der Privatwirtschaft und im öffentlichen Dienst. Abgerufen von https://www.bmfsfj.de/bmfsfj/service/gesetze/gesetz-fuer-die-gleichberechtigte-teilhabe-von-frauen-und-maennern-an-fuehrungspositionen-in-der-privatwirtschaft-und-im-oeffentlichen-dienst-119350, S. 108.

25 **Müller, A. (2020).** Nur 68 Frauen an der Spitze der 500 größten Firmen: Der Mittelstand hat ein Männerproblem. Abgerufen von https://www.handelsblatt.com/unternehmen/mittelstand/familienunternehmer/familienunternehmen-nur-68-frauen-an-der-spitze-der-500-groessten-firmen-der-mittelstand-hat-ein-maennerproblem/26669676.html?ticket=ST-2088342-QxyVUhErP7fntcYpr6xJ-cas01.example.org, S. 108.

26 **BCG (2020).** Unternehmen mit Frauen im Topmanagement sind an der Börse überdurchschnittlich erfolgreich. Abgerufen von https://www.bcg.com/de-de/press/09maerz2020-gender-diversity-index-2-de, S. 109.

27 **McKinsey (2020).** Zusammenhang zwischen Diversität und Geschäftserfolg so deutlich wie nie. Abgerufen von https://www.mckinsey.de/news/presse/2020-05-19-diversity-wins, S. 109.

28 **StepStone (2020).** In Zukunft flexibel: Warum hybride Modelle die Arbeitswelt prägen werden. Abgerufen von https://www.stepstone.de/wissen/flexible-heimarbeit/, S. 140.

29 **Barmer (2020).** Social health@work. Abgerufen von https://www.barmer.de/blob/260278/ea66685b839e7aded009101aa7ba7641/data/social-health-work-studienbericht.pdf, S. 141.

30 **Schellinger J., Le Huynh G. (2020).** Digitalisierung: Perspektiven für Arbeitsmodelle der Zukunft in Wirtschaft und Verwaltung. In: Schellinger J., Tokarski K., Kissling-Näf I. (eds) Digitale Transformation und Unternehmensführung. Springer Gabler, Wiesbaden. Abgerufen von https://doi.org/10.1007/978-3-658-26960-9_7, S. 142.

31 **Mercedes-Benz (o.D).** Benz Patent-Motorwagen (Modell 1), 1885-1186. Abgerufen von https://mercedes-benz-publicarchive.com/marsClassic/de/instance/ko/Benz-Patent-Motorwagen-Modell-1-1885---1886.xhtml?oid=4376, S. 149.

32 **Mercedes-Benz (2021).** Mit der Umgebung vernetzt. Car-to-X Kommunikation geht in Serie. Abgerufen von https://www.daimler.com/innovation/case/connectivity/car-to-x.html, S. 150.

33 **Digital Guide Ionos (2019).** User-Centered Design: Erfolgreiche Produkte im Dialog mit den Nutzern entwickelt. Abgerufen von https://www.ionos.de/digitalguide/websites/web-entwicklung/user-centered-design/, S. 150.

34 **Mercedes-Benz (2021).** Over the Air: Aus Updates werden bei Mercedes-Benz Upgrades: Immer auf dem aktuellen Stand: Mercedes-Benz Fahrzeuge lernen „Over the Air" ständig dazu - Daimler Global Media Site. Abgerufen von https://media.daimler.com/marsMediaSite/de/instance/ko/Over-the-Air-Aus-Updates-werden-bei-Mercedes-Benz-Upgrades-Immer-auf-dem-aktuellen-Stand-Mercedes-Benz-Fahrzeuge-lernen-Over-the-Air-staendig-dazu.xhtml?oid=48822484, S. 151.

[35] **Europäische Kommission (2021).** Europas digitale Dekade: digitale Ziele für 2030. Abgerufen von https://ec.europa.eu/info/strategy/priorities-2019-2024/europe-fit-digital-age/europes-digital-decade-digital-targets-2030_de, S. 151.

[36] **Mercedes-Benz (2021).** Alles im Blick. Das neue Mercedes me Datenschutz Center. Abgerufen von https://www.daimler.com/nachhaltigkeit/daten/mercedes-me-datenschutz-center.html, S. 151.

[37] **Mercedes-Benz (2019).** „Best Customer Experience 4.0" – Factsheet inklusive Zitate von Britta Seeger: Die wichtigsten Fakten zu „Best Customer Experience 4.0" von Mercedes-Benz. Abgerufen von https://media.daimler.com/marsMediaSite/de/instance/ko/Best-Customer-Experience-40--Factsheet-inklusive-Zitate-von-Britta-Seeger-Die-wichtigsten-Fakten-zu-Best-Customer-Experience-40-von-Mercedes-Benz.xhtml?oid=43937561, S. 152.

[38] **Mercedesme Digital (2020).** Kontaktlos und bequem: Mercedes-Benz treibt die Digitalisierung im Vertrieb und After-Sales weiter voran und orientiert sich dabei noch mehr an den individuellen Kundenwünschen. Abgerufen von https://media.mercedes-benz.com/article/6ce95417-caad-4731-bc6f-403afa3c7d56, S. 152.

[39] **Europas digitale Dekade:** digitale Ziele für 2030 | EU-Kommission. S. 154

[40] **Fresenius (2021).** 3-Länder-Studie von Fresenius und Allensbach: Deutschland hinkt bei Digitalisierung in der Medizin hinterher. Abgerufen von https://www.fresenius.de/9284, S. 159.

[41] **Stefan Sous (2021).** Berliner Luftpost. Abgerufen von http://stefansous.de/installations/berliner-luftpost/, S. 172.

[42] **Brand eins (Juli 2020)** Macht kaputt, was euch kaputt macht!, S.185

[43] **Breitinger, J.C., Dierks, B. & Rausch, T. (2020).** Weltklassepatente in Zukunftstechnologien. Abgerufen von https://www.bertelsmann-stiftung.de/fileadmin/files/user_upload/BST_Weltklassepatente_2020_DT.pdf, S. 205.

[44] **European Commission (2021).** The Digital Economy and Society Index (DESI). Abgerufen von https://digital-strategy.ec.europa.eu/en/policies/desi, S. 212.

[45] **Bundesministerium für Wirtschaft und Energie (2019).** KI und Robotik im Dienste der Menschen. Abgerufen von https://www.bmwi.de/Redaktion/DE/Publikationen/Industrie/industrie-4-0-ki-und-robotik.pdf?__blob=publicationFile&v=4, S. 215.

[46] **Europäischer Rat der Europäischen Union (2021).** Eine digitale Zukunft für Europa. Abgerufen von https://www.consilium.europa.eu/de/policies/a-digital-future-for-europe/, S. 218.

[47] **Kagermann, H., Streibich, K.-H. & Suder, K. (2021).** Digitale Souveränität Status quo und Handlungsfelder. Abgerufen von https://www.acatech.de/publikation/digitale-souveraenitaet-status-quo-und-handlungsfelder/, S. 218.

BILDNACHWEISE

In Reihenfolge des Erscheinens

Achim Berg	©Bitkom e.V.
Michael Hüther	©Institut der deutschen Wirtschaft Köln e.V.
Elke Eller	TUI AG / ©Christian Wyrwa
Chantal Friebertshäuser	MSD Sharp & Dohme / ©Peter Rigaud
Florian Haller	©Serviceplan Group SE & Co. KG
Hannah Helmke	right. based on science GmbH / ©Farideh Diehl
Sebastian Klauke	Otto GmbH & Co. KG / ©Jan Helge Petri
Ilse Henne	©thyssenkrupp AG
Martina Merz	©thyssenkrupp AG
Stefan Oelrich	©Bayer AG
Brigitte Zypries	©SPD-Parteivorstand
Angelika Gifford	Meta Platforms, Inc. / ©Dirk Bruniecki
Cornelius Riese	DZ BANK AG / ©Deutsche Zentral-Genossenschaftsbank
Ulrike Detmers	Ulrike Detmers & Mestemacher Management GmbH / ©Renate Lottis
Britta Seeger	©Mercedes-Benz Group AG
Stephan Sturm	©Fresenius SE & Co. KGaA
Birgit Bohle	©Deutsche Telekom AG
Sigrid Nikutta	©Deutsche Bahn AG
Anna Kaiser	©Tandemploy GmbH
Ute Wolf	Evonik Industries AG / ©Bernd Brundert
Jörg Goschin	©KfW Capital GmbH & Co. KG
Katrin Suder	Katrin Suder / ©Bert Borstelmann

Illustrationen: S. 10: Adobe Stock/pickup I S. 24-25: Adobe Stock/pickup; Adobe Stock/kras99 I S. 30-31: Adobe Stock/kras99 I S. 38-39: Adobe Stock/pickup I S. 46-47: Adobe Stock/Alex I S. 55: Adobe Stock/Gizele; Adobe Stock/WoGi I S. 56-57: Adobe Stock/pickup I S. 66-67: Adobe Stock/pickup; Adobe Stock/krissikunterbunt I S. 76-77: Adobe Stock/Alex I S. 89: Originalgrafik: toii® I S. 92-93: Adobe Stock/pickup; Adobe Stock/krissikunterbunt I S. 102-103: Adobe Stock/kras99 I S. 110-111: Adobe Stock/Jackie Niam I S. 124-125: Adobe Stock/kras99 I S. 134-135: Adobe Stock/Alexander Limbach I S. 144-145: Adobe Stock/pickup I S. 154-155: Adobe Stock/kaptn I S. 162-163: Adobe Stock/pickup I S. 172-173: Adobe Stock/LuckyStep; Adobe Stock/pickup I S. 180-181: Adobe Stock/elenvd; Adobe Stock/starlineart I S. 190-191: Adobe Stock/anttoniart I S. 208-209: Adobe Stock/pickup I S. 220-221: Adobe Stock/cofficevit